绿色发展及生态环境丛书

绿色家园

发展篇

《绿色发展及生态环境丛书》编委会 组编

大连理工大学出版社
Dalian University of Technology Press

图书在版编目（CIP）数据

绿色家园. 8 /《绿色发展及生态环境丛书》编委会组编. -- 大连：大连理工大学出版社，2020.12
（绿色发展及生态环境丛书）
ISBN 978-7-5685-2450-6

Ⅰ. ①绿… Ⅱ. ①绿… Ⅲ. ①环境教育—初中—教学参考资料 Ⅳ. ①G634.983

中国版本图书馆CIP数据核字(2020)第012898号

大连理工大学出版社出版

地址：大连市软件园路80号　　邮政编码：116023
发行：0411-84706041　邮购：0411-84706041　传真：0411-84707403
E-mail：dutp@dutp.cn　　　　URL：http://dutp.dlut.edu.cn
大连金华光彩色印刷有限公司印刷　　大连理工大学出版社发行

幅面尺寸：168mm×235mm	印张：6	字数：78千字
2020年12月第1版		2020年12月第1次印刷
责任编辑：张婵云　王晓玲		责任校对：高正方
封面设计：冀贵收		版式设计：于丽娜

ISBN 978-7-5685-2450-6　　　　　　　　　　　　定价：20.00元

本书部分图片作者的情况（姓名、通信地址等）不详，请有关作者与本书的责任编辑联系，以便奉上稿酬与样书。

本书如有印装质量问题，请与我社发行部联系更换。

《绿色发展及生态环境丛书》编委会

顾　　　问	王众托　段　宁　武春友
主 任 委 员	张海冰　陆荐援　曲　英
副主任委员	曲晓新　吕志军
委　　　员	（按音序排列）

蔡　玲　陈慧黠　高　翔　高英杰　郭玲玲
郭　勋　韩春蓉　韩吉峰　郝　龙　洪　潮
孔丁嘉　李建博　李　想　李耀峰　厉　英
刘　洋　卢小丽　吕佳芮　马长森　商　华
隋晓红　孙明霞　孙　强　孙庆亮　王　丹
王　芳　王　健　王旅东　王日东　王文昊
王晓兰　肖贵蓉　徐家磊　许敬红　阎振元
杨安丽　于百春　于华新　于　洋　张　晨
张海宁　张　旭　张　勇　赵冬梅　郑贵霞
朱新宇　邹德权　邹积鹏

本 册 主 编　邹积鹏

本册副主编　隋晓红　王旅东

本 册 编 者　王　健　王晓兰　孙明霞　蔡　玲

前言

地球是人类赖以生存的家园，建设美丽家园是人类的共同梦想。历史表明，工业化进程创造了前所未有的物质财富，也产生了难以弥补的生态创伤。面对资源约束趋紧、环境污染严重、生态系统退化的严峻形势，人类越来越清醒地认识到，只有建立生态文明社会，地球生物圈的健康和安全才能得到真正恢复，人类生存也才能得以长期持续。为此，开展长期的、全面的生态文明教育迫在眉睫，让青少年获得生态知识，产生对生态的敏感性，增强忧患意识，对影响生态的行为采取审慎的态度，切实提高生态文明素养是开展生态文明教育的重要任务。

为满足青少年生态文明教育的需求，我们按照"认识生态环境—了解生态平衡—理解绿色发展—建设生态文明"的逻辑思路编写了本系列图书。以水、空气、土壤、生物四大生态系统以及能源、垃圾、气候、生物多样性等生态危机问题作为切入点，以从地球生态的原始形态到工业文明对生态环境的破坏再到今天注重强化生态环境建设为线索，从青少年的生活实际出发，引导青少年从小学会欣赏自然、关爱自然，关注家庭的生活方式、出行方式、消费方式，关注社区、农村、城市的生态环境，关注国家、全球的生态环境问题。正确认识个人、社会与自然之间的相互关系，认识生态环境，了解生态平衡，理解绿色发展，建设生态文明。

我们力求本系列图书能从小培育青少年形成人与自然环境相互依存、相互促进、共处共融的生态意识，建立简约适度和绿色低碳的生活方式，养成自觉维系生态平衡和保护环境的道德习惯，以此引导青少年理解以"解决好人与自然和谐共生问题"为要义的绿色发展理念，确保青少年的生态文明素养逐步达到生态文明社会的要求。

　　本系列图书在编写过程中得到了大连理工大学、大连市生态环境局、大连市生态环境事务服务中心领导及专家的悉心指导，在此表示真挚的感谢。

编　者
2020 年 9 月

目录

小变化看科技进步

1. 迈向舒适美丽的服饰之旅 ……………………2
2. 追求安全健康的饮食之路 ……………………8
3. 探索便捷低碳的出行方式 ……………………12
4. 创建环保节能的居住环境 ……………………16
5. 满足生存需要的原始生产方式 ………………22
6. 体现个性要求的手工业生产方式 ……………24
7. 追逐效益最大化的大批量生产方式 …………28

大问题显生态警示

1. 人口问题 ……………………………………34
2. 垃圾问题 ……………………………………40
3. 资源问题 ……………………………………47
4. 能源问题 ……………………………………52
5. 气候问题 ……………………………………57

多举措促生态建设

1. 绿色消费 ……………………………………63
2. 节约资源 ……………………………………66
3. 注重环境保护 ………………………………69
4. 产业结构调整 ………………………………72
5. 节能减排 ……………………………………76
6. 循环利用 ……………………………………80
7. 绿色科技 ……………………………………84

小变化看科技进步

　　人类是由古猿进化而来的。从原始社会到现代社会，人类生活发生了巨大变化，这些变化背后的动力就是科学技术的发展，正是科学技术的不断进步，推动了社会的发展，改变了人类的生活，使得人类的衣、食、住、行变得丰富多彩。

1 迈向舒适美丽的服饰之旅

服饰是人类特有的生活必需品，它不仅仅是人们遮身蔽体、保暖防寒的物质需求，而且是人们张扬个性、装扮自己的审美需求，更是一个国家和民族的文化符号。

早在300万年以前，类人猿经过漫长的进化，终于演变成了人类。当时的人类跟其他动物一样，过着裸奔的生活，他们靠自身的体毛调节体温，抵御寒冷，这种情况持续了几百万年。

● 原始人

衣服的诞生——树叶、兽皮

在距今5万年前的旧石器时代晚期，人类才开始使用树叶、兽皮来御寒。也许在某个寒风呼啸的夜晚，某个原始人钻入一堆枯叶中躲避寒冷。由于寒冷，他把树叶紧紧搂在自己身上。天亮了，阴沉的天气还是寒冷无比，他需要起身去寻找食物，双手还是下意识地搂着那些树叶。他发现把树叶搂在身上行走，能让身体变暖和。于是，他就想办法把大片的树叶用藤蔓捆扎在自己身上，这样既解放了双手，又实现了抵御寒冷的目的。就这样，人类的第一件衣服诞生了。

后来随着生活技能的提高，人类可以猎取很多大型的动物。动物皮毛很难下咽，人们就把动物的皮毛剥了，吃里面鲜嫩的肉。晒干后的兽皮比树叶更结实，兽皮上面带有细密的毛更保暖，于是人们就把兽皮围在身上御寒。

围在身上的树叶和兽皮，是人类最原始的衣服。

● 身披兽皮的原始人

加工服装的开始

由于树叶和兽皮的形状不能与人体完美契合,寒风很容易灌入,不利于保暖,同时,也不利于活动,聪明的原始人就开始尝试制作更加合身的衣服。旧石器时代晚期,人类已经能够制造一些相对精巧的工具了,他们使用石刀把兽皮切割成适合人体的形状,使用刮制得又细又锋利的骨针穿上用植物纤维捻成的线,将切割好的兽皮缝起来,做成合体的衣服,这就是人类具有设计、加工制造标准意义的服装。

在辽宁海城小孤山旧石器遗址中出土了3根骨针,骨针采用动物的骨头磨制,尖锐锋利,上面还带有采用对钻方法加工出来的针眼,用以穿线。骨针的发明,是人类开始加工制作服装的重要标志。

● 骨针

纺织服装的出现

距今7 000年前,人类进入母系氏族的繁荣时期。人们开始从事农业和畜牧业生产:男子外出打猎,打制石器,琢玉;女子采收,制陶,养蚕缫丝,编制麻葛,缝制简单的衣物。此后,人们逐渐用植物纤维和蚕丝来纺线和织成纹理较细的布帛,并制成服装。

考古发掘的新石器时代遗址中经常发现纺织工具,如纺纱捻线的原始纺轮、纺锤、纺坠等。河南屈家岭文化遗址彩陶纺轮的发现,

小变化看科技进步

把我国纺织历史提前到了 8 000 多年以前的新石器早期。仅在湖北省天门市石家河文化遗址中发现的大量陶纺轮,其形式就有 10 多种,多数还绘有花纹图案;在河姆渡文化遗址中发现了骨梭、木机刀(机具卷布轴)等织布工具,这说明我国在新石器时代早、中期就已经掌握了原始的纺织技术。

纺轮中心孔内插入捻杆,用来把羊毛、棉麻等纤维纺成纱线

● 捻杆与纺轮

1972 年,在湖南长沙马王堆汉墓里发现了一件素纱襌(dān)衣。这件衣服使用蚕丝纺织制作,用料约 2.6 平方米,仅 49 克,"薄如蝉翼""轻若烟雾"。它代表了西汉初养蚕、缫丝、织造工艺的最高水平。

● 素纱襌衣

绿色家园 8

　　人们使用羊毛、棉、麻的纤维纺成纱线，再用纱线织成布，用布做成的衣服又轻又暖，还可以染上漂亮的颜色，从此人类的服饰变得多姿多彩起来。

　　服饰不仅可以遮身蔽体，还成为不同地域、不同民族、不同身份的标志，成为一种重要的文化符号。

　　壮族是我国南方的一个少数民族。聪明智慧的壮族人民利用独特的纺织技术，创造出我国"四大名锦"之一的"壮锦"。壮锦的织造技术复杂，织出来的锦颜色艳丽、花纹繁复，具有浓艳粗犷的艺术风格。

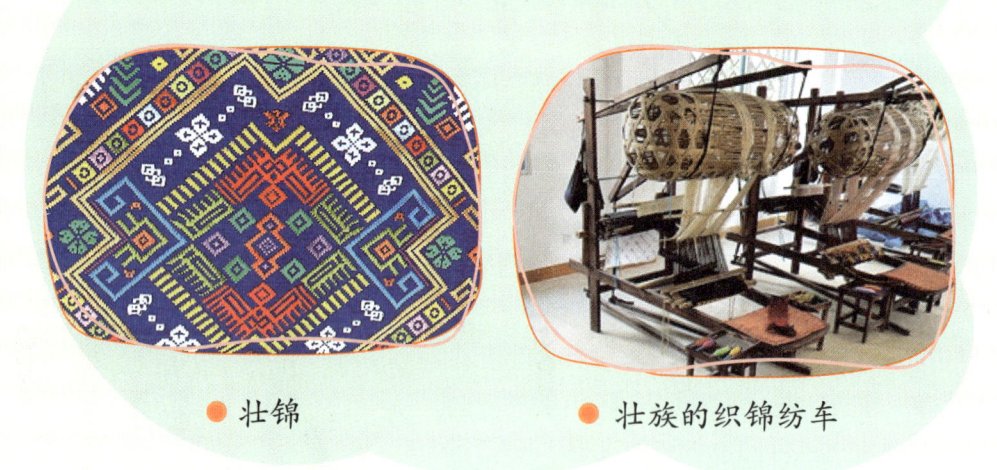

● 壮锦　　　　　　● 壮族的织锦纺车

现代服装

　　到了现代，服装更是飞速发展，比古代有了重大进步。服装的材料更为多样，从古代的羊毛、蚕丝、棉麻等天然纤维，发展到再生纤维、合成纤维等化学纤维。化学纤维具有结实耐磨、透气性好、色彩艳丽等特点，而且其原料是产量巨大的石油，利用现代工业化技术生产，极大地满足了人们对服装的需求。

现代服装由于技术的发展，功能也多样化了。很多从事不同工作的人们，有着他们特有的服装，比如：游泳运动员的泳装在水中阻力很小，运动员游得更快；采用针织技术的运动服透气排汗，方便运动；消防员和冶金工人的阻燃服可以隔绝高温，防火透气，保护人体不受高温的伤害；防晒服采用加入防晒助剂的防紫外线布料，可以防止紫外线透过织物损害人体皮肤；空调服可以自动调节温度，使人们在炎炎夏日也会感到凉爽舒适。

● 运动员穿着泳装

● 消防员穿着阻燃服

我们今天的服装种类非常丰富，但生产制作过程中需要消耗大量的自然资源，如棉麻纺织品生产需要占用大量耕地，雍容华贵的皮草需要杀死数量巨大的动物，化学纤维需要消耗石油资源。特别是化学纤维非常耐腐蚀，废弃的化学纤维衣物在自然环境中很难降解。

2 追求安全健康的饮食之路

民以食为天,食物是维持动物和人类生存最重要的物质条件,哪怕是最低等的动物也需要从周围环境中获取能量,而处于食物链顶端的人类,对食物的需求量更大。

原始人的采集和渔猎

在原始社会最开始的时候,人类跟猴子和鸟类一样,到山野间、树上采集植物的根、茎、叶、果实和种子,他们没有什么加工技术,采到食物就直接啃食。

人类是杂食性动物,不仅吃植物,还需要从动物性食物中获取蛋白质等营养。他们最初捕捉一些像昆虫、青蛙那样小的动物和捞取搁浅的小鱼食用,但这些远远不能满足人类的需求。后来,人类的技能提高了,可以利用木棒、石块等简单工具猎取较大型的动物作为食物,比如,猎取一头野牛,可以供部落里的人吃上好几天。人类获取的食物多了,生活变好了,寿命也延长了。

● 原始人采集食物

这时候，有人发现破碎的石块边缘很锋利，能够划伤皮肤，他们就有意地用石头互相砍砸，制造出尖锐的工具，用来刺杀猎物，分割肉类，这些经过简单砍砸打制出的石器，叫旧石器。

打制的石器比较粗糙，也不容易握持。在距今 1 万年前，人们开始对经过打制的石器进行加工，把它们磨得更锋利，有的还钻了孔，用葛藤绑在木柄上，使用更便捷，这种经过精细加工的石器叫新石器。这些石器工具提高了人类获取食物的能力。

烹饪技术的产生

刚开始的时候，原始人都是吃生的食物，直到有一天，人类发现被雷击引起的山火烧过的种子和动物的肉更香、更松软，也容易嚼烂，他们就开始保留天然火种，用来烧熟食物。后来人类又发明了人工钻木取火的方法，可以随时生火来取暖、驱赶野兽和加工食物。火的使用，提高了人类适应自然的能力，是人类第一次对自然力的支配，是人类进化过程中的重要进步。

● 钻木取火

距今 7 000 年前，我国古代劳动人民发现潮湿的黏土被火烧过之后能保持形状，还很坚硬，就把黏土捏成容器的形状放进火里煅烧，于是陶器被发明了。人们把一些粮食、肉类等食物放到容器内烧煮，加工出来的食物鲜香味美，更容易消化。人们就制作了更方便烧煮食物的器具，这就是原始的炊具。

我国齐家文化遗址出土新石器时代晚期的三足鬲(lì)，三足稳定坐于地面，下面用柴草加热，里面放食物。

金属工具的出现

原始社会后期，人们发现自然界中有的"石头"在用力砸的时候，只会变形而不会碎裂。其实这是天然的金属。人们最早发现并利用的金属是铜，由于铜比较软，没有得到广泛的应用。后来人们学会了冶炼技术，并在冶炼中把铜和锡按照一定的比例混合在一起，制造出了比较坚硬的金属——青铜。有些地区发明了冶铁技术，制造了铁器。人们使用金属工具可以更好地开垦农田、耕作、收割、加工农作物。金属工具的使用，极大地促进了农业的发展，生产出来的农产品种类和数量越来越多，已经能够满足人类的基本需求了。

古代人的食物

我国历史上就是一个农业大国，粮食作物的栽培技术居于世界领先位地。我国进入农业社会后，就以粮食作物为主食，粮食作物古代通称五谷。五谷为稻、黍、稷、麦、菽，稻分水稻和陆稻，黍是黄米，稷是小米，麦分大麦、小麦等，菽是豆类的总称。制作的食物花样主要有"糗、糇、饼、饵、粥"，糗是炒熟的粮食，糇指旅途中携带的熟食，饼指烤熟或蒸熟的面食，饵是用米粉做的熟食，粥指煮熟的半流质食物。

除了主食，古代人还吃多种肉类和蔬菜，《说文解字》中解释"美"字说："羊大则肥美。""家"在甲骨文中是"🏠"，就是房子下面养着猪，"豕"就是猪，这说明古代先民在远古时代就饲养羊和猪等家畜供食用。

无论主食、副食还是其他食材，古代人的食物都是天然食品。

● 甲骨文"家"

现代饮食

到了现代，由于生产技术高度发达，农药和化肥的使用，大大增加了粮食产量。人们食物的种类空前丰富，食物的加工方法也是数不胜数。人们制作了各种各样的厨具，使用的能源有柴草、煤、炭、油、气、电等多种，烹饪方式有蒸、煮、煎、炒、烹、炸、涮、烤等，这些极大地丰富了人们的餐桌，使人们可以制作出令人垂涎欲滴的美食。

不仅如此，人们还发明了各种工业食品。工业食品产量大，食用方便，保质期长，运输方便。

虽然现代食品加工技术日新月异，食品十分丰富，但近年来环境的变化和食品添加剂的大量使用，使食品安全越来越成为人们关心的话题。只有健康安全的饮食，才能保证身体健康，才能使人们更好地生活。

● 各种工业食品

3 探索便捷低碳的出行方式

在生命世界中,动物区别于植物的最大特点就是能自主活动。动物通过活动,可以获取食物,躲避敌害,进行交往。人类自身的运动能力不高,不如猎豹跑得那么快,不如鱼游得那么远,不能像鸟那样飞翔,但人类可以通过发明制作交通工具,拓展人类的活动空间。

古代交通

在原始社会,人类与其他动物一样,主要靠自己的肢体运动出行。从古猿进化到人类,人类开始直立行走了,双腿的运动能力不如四肢同时运动那么快,但直立行走解放了双手,可以让双手去做更多的事情,并且可以通过智慧的大脑来弥补运动能力的不足,比如,科学地规划运动线路,通过布放诱饵来诱捕猎物,等等。

人类通过对自然的观察和思考,逐渐发明一些工具来辅助出行。《淮南子》中说我们的祖先"见飞蓬转而知为车",就是说,古人看见蓬蓬草顺风滚动,发明了轮子,做出了车。

蓬蓬草的植株多长成球形,在冬天来临的时候就会枯死,枯死的蓬蓬草根部很容易断掉,寒风吹来,球形的枯草会随风滚动,在滚动中把种子传播到远方。人们观察到这种现象,发现圆形的物体更容易运动,继而发明了轮子,在轮子上装上轴,轴上面装上承载货物和人的架子,就做成了车。

小变化看科技进步

● 蓬蓬草　　　　● 枯死的蓬蓬草

传说车起源于5 000年前的中国。春秋战国时期，车的构造和功能已经很成熟了。那时候的车使用马来做动力，是因为马的力气大、速度快、耐力持久。人们用马车出行，减轻了人类体能的消耗，可以去往很远的地方。

我国出土了战国和秦代用青铜和铜制作的车马模型，实际上那时候的车都是木质的，用了少量金属材料，但设计合理，功能齐全，乘坐舒适。

自然界的水域分布十分广泛，人类是陆地动物，这些水域限制了人类的活动范围。在石器时代，人类发现枯死的树木可以在江河中从上游漂浮到下游，人站在上面都不会沉。人类就想办法把大树干加工成两头尖的形状，中间凿出凹槽，放在水中，人乘坐在凹槽里，用桨划动，就可以在水上行进了，这就是最原始的船——独木舟。独木舟的出现，第一次把人类的活动范围拓展到水域。

随着人类的发展，独木舟已经不能满足人类的需要了，后来人们又把树木裁成木方、木板，用木方制作成骨架——龙骨，再把木板贴合在骨架上，做成了木船，同时改变驱动工具，把桨改成了橹，驱动效率更高。木船的出现，增强了人类在水上的活动能力。木船更稳定，可以在较为恶劣的水文和天气条件下航行。后来还出现了帆船，船上的风帆利用风的力量行驶，节省了驾船人的体力，使船行驶得更快。

古代的交通工具经历了漫长的历史时期，但由于局限于技术水平，发展得比较缓慢，动力主要是畜力和风力，都是利用自然动力来驱动，节能环保。

现代交通

到了现代，科学技术得到了迅猛发展，人类的出行方式发生了天翻地覆的变化。蒸汽机的出现，是人类第一次把自然界的化学能转化成机械能的重大科技发明。蒸汽机首先被应用到了轮船上，由于轮船是在水中航行，节约能源，运力巨大，逐渐成为国际贸易和客运的重要交通工具。火车使用煤炭做燃料，烧开锅炉里的水，利用水蒸气巨大的压力驱动火车在铁轨上行驶，一台机车可以拖拽几十节车厢，行驶速度非常快，运力十分巨大。后来随着将石油作为燃料使用，又出现了内燃机车，再后来又出现了电力机车。这些火车在世界各地奔驰，极大地促进了世界经济的发展。汽车在陆地上行驶速度很快，又不受铁轨的限制，行驶灵活，因此汽车在世界上迅猛发展起来，还被设计出各种型号，广泛应用于客运、货运、工程建设等领域。飞机在民用领域是最快的交通工具，从机场起飞后，可以跨越山川海洋，不受地形地貌的影响。乘坐飞机迅速成为人们长途旅行的重要方式。现代交通处于高度发达的阶段，所有的交通工具正向着更快、更方便的方向发展。汽车和火车刚发明时，它们

小变化看科技进步

　　的时速只有几公里到几十公里,现代高速公路上的汽车时速可以轻松达到120公里,高速铁路上行驶的动车组,时速已经超过300公里。轮船由于行驶速度较慢,现在主要用于运送货物。

　　人类的足迹已经遍及地球的各个角落,人类对自然的探索一直没有停止,现代社会的人员流动也极为活跃,交通状况越来越成为社会经济发展的重要条件。但交通的高速发展也带来了一系列社会问题和环境问题,很多城市的交通经常发生拥堵,公路交通经常发生车祸,同时,轮船、汽车、飞机对矿物燃料消耗很大,矿物燃料燃烧后产生的废气会对自然环境产生巨大的破坏。

● 立交桥

4 创建环保节能的居住环境

人类生活在自然界中总是会面临着来自环境的威胁。自然界的气候总是在不断变化着，有狂风暴雨，有严寒酷暑。此外，还有毒虫猛兽总在伺机侵扰人类。人类需要栖息环境，需要一个休息、养育后代的场所。千百年来，人类为了有一个温暖的家，更是发挥了高超的智慧，使自己的住所越来越安全、舒适。

原始住所

在远古时代，人类和其他动物一样，都会本能地选取一些遮蔽场所进行休息和哺育后代。这些遮蔽场所需要满足一些条件：能遮风挡雨，能保持相对舒适的温度、湿度，能采集到太阳的光照，能挡住其他动物的攻击。

原始社会早期的人们大多利用天然洞穴安家，这种未经人类设计建造的洞穴还不能算作"房子"。后来，由于天然洞穴的数量太少，已经不能满足人们的需要，原始社会晚期，人们开始自己挖凿洞穴用来居住。为避免洪水的冲击，他们在地势较高

● 原始半穴居建筑复原图

的地面上挖出洞穴，在洞穴上方用木棍搭起架子，架子上面用草苫盖，像伞一样防止雨水落进洞穴，这就是人类最早建造的房子。

考古发现，在山顶洞人居住过的山洞地面的中间有一堆灰烬，洞壁的一部分被烧炙，洞内还发现了一些鹿、狐狸和鱼的骨头等。这说明，他们生活在山洞里，已经学会了用火来烧烤食物、取暖。他们还在地上铺上干草，使自己睡得更舒服。

房屋建筑的发展

在我国南方，气候比较潮湿，开始的时候古人在树上搭建房子，远离潮湿的地面以保持干燥，这种像鸟筑巢的居住方式叫"巢居"。这种建在树上的房子施工比较困难，受树形的影响不能建得很大。随着技术的进步，"巢居"已演进为初期的干栏式建筑，如长江下游河姆渡遗址中就发现了许多干栏式建筑构件，甚至有较为精细的榫卯、启口等。

● 河姆渡遗址干栏式建筑复原图

绿色家园 8

榫卯结构是我国劳动人民发明的木质构件的连接方法，从发明那天起一直沿用至今，是中国建筑和家具最重要的特色技术之一。

● 榫卯结构

干栏式建筑适合南方潮湿的气候，一直沿用至今。干栏式建筑以竹木为主要建筑材料，主要是两层建筑，下层放养动物和堆放农具等杂物，上层住人。

在有些地方，分布着黏性较强的泥土。这些泥土可以抵抗雨水的冲刷。人们就把这种潮湿的泥土混合杂草，填充在两块木板之间，在上面夯实，筑成坚实的墙壁，上面用木材搭成架子，在架子上铺设瓦片或野草，这种夯土造屋的建筑方法叫"干打垒"。泥土中的

● "干打垒"建筑典范——福建土楼

杂草可以增强抗拉能力，这就跟现在用钢筋增强混凝土抗拉能力是一样的道理。在我国南方和北方都出现过这样的房子。

不论是干栏式建筑还是夯土建造的房子，都是充分利用了当地的自然资源建造的，适合当地的气候环境。同时，这些建筑还在合适的位置留有门窗，以便人们进出，通风透光。

随着社会的发展，人们需要更坚固、更耐久的建筑材料。有了锤、钎等金属工具之后，人们就开始把石块加工成整齐的形状用来建房子。石质建筑材料可以保持千年不坏，建造的房子寿命更长。

随着技术的进步，那些缺少石料的平原地区的人们把黏土做成整齐的长方形砖坯，放在窑中煅烧，做成砖，用来建房，建起来的房子也很坚固。在新石器时代的西周就出现了空心砖、条砖和板瓦；到了秦汉时期，"秦砖汉瓦"更是技术成熟，并且增加了花纹和文字的装饰，极具美感。

我国古代的建筑是中华文明的重要符号，从阿房宫到故宫，宫廷建筑的精美举世无双。苏州园林等民间建筑也精美实用。

● 北京故宫

现代建筑

现代建筑技术正日新月异地发展着，人们制造出各种各样的建筑材料。钢筋混凝土的出现使我们能够建起几十层的高楼，而钢结构建筑更是现代建筑技术进步的代表。钢结构塑性和韧性好，精确度高，安装方便，工业化程度高，施工较快，可以建起高耸入云的摩天大楼。

在北方，由于冬天气候寒冷，人们需要有取暖设施。北方民居大多建有火炉和火炕。火炕就是在卧室里用砖石和泥土搭建的睡觉的地方，下面中空，火炉和做饭的锅灶烧热的空气流进空间内，加热炕面，人睡在上面非常暖和。

现代人们对房子的要求越来越高，房子功能越来越全。现在的房子已经有了供水系统和排水系统，厨房里已经做到燃气进屋，供暖设施和电气设备使我们的生活更方便、更舒适。

● 上海浦东新区的钢结构摩天大楼

小变化看科技进步

现在，人们为了节约能源，保护环境，正在积极开发新式节能环保住宅，采用多种技术解决材料问题、照明问题、水资源问题、温度调节问题等。

● 采用太阳能加热和发电的现代住宅

太阳能集热板
维护结构采取保暖隔热处理
可调节遮阳板
可调节遮阳板
餐厅通高有利于采光导风

● 节能示意图

5 满足生存需要的原始生产方式

人类诞生以后，要在严酷的自然环境下生存，就需要满足最基本的需要，比如，食物、水、衣物、庇护所等，人类的生产能力囿于人类自身的认识水平和创造能力，一直处于很低级的状态。

人类的原始需求

人类生产的目的最初是满足自身的生存需要。他们从大自然中获取产品，获取的方式主要是采集、狩猎和捕捞。靠这些生产活动，人类获得了一些天然产物以维持生活。这种经济叫攫取经济。

随着人类数量的不断增多，对食物的需求量越来越大。人类不得不整天为获取食物奔忙，跑到很远的地方采集植物的幼苗、果实、种子。由于饥饿的驱使，人类不得不向更大、更危险的动物发动袭击。仅仅是为了获取食物，人类就耗尽了他们所有的时间和精力。使用

人类使用工具狩猎

生产工具来降低劳动强度、提高劳动生产率，成了人类迫切的需要。

人类利用石块制成了打制石器、磨制石器，使采集和狩猎的效率得到了大大的提高。在新石器时代初期，人类还发明了弓箭。弓箭可以远距离猎杀动物。人类的进攻和防御能力得到增强，狩猎便迅速发展起来。

畜牧业与农业的发展

人类的采集和狩猎能力提高以后，把捕获到的幼小兽类圈养起来，喂给它们食物，它们就会逐渐长大，长大以后再宰杀，人类会获得更多的肉食，这就是原始的畜牧业。

农业是从采集活动中发展起来的。经过反复观察实验，人们逐渐认识了一些植物的生长规律，就开始有意识地把植物种子种到地里，种子就会发芽长出新的植物。人们发现这种方法收获更多、更稳定，就大量地进行种植，这样获得的食物已经能够满足人们整年的食用需求。于是，农业得到了广泛发展，使人类对于从自然界获取天然食物的依赖程度大大降低，人类进入了农业文明时代。

共同劳动，平均分配

原始社会的生产力水平很低，人类大部分时间处于半饥饿状态，虽然整天奔波，但产品很少有剩余。他们为了同自然界进行有效的斗争，像狮群捕食野牛那样，联合起来，共同劳动，以保证种族的延续。因此，那个时候人们的生产资料是公有的，他们以氏族公社为整体，在自然分工和简单协作的方式下进行劳作。比如，男人狩猎和捕捞，女人采集和种植，老人制造工具。

那时候的劳动生产主要为了满足自身生存的需求，为了整个种族的生存，他们平均分配劳动产品，使每个人都能生活下去。

6 体现个性要求的手工业生产方式

中国历史上是一个农业大国，虽然农业生产是经济的主体，但是自从古猿进化成人类，就已经开始一些简单的手工劳动，他们需要制造生活和生产工具、制作服装、建造房屋等，这些都成为以后手工业发展的基础。

原始社会大部分时间里，手工劳动主要是为了满足自身以及氏族内部的需求。原始社会晚期，手工业逐渐从农业生产中脱离出来，形成独立的生产部门。

手工业的起源

原始社会后期的新石器时代，已经出现了专业性很强的手工技术，例如，烧制陶器、纺丝织布、冶炼金属，这些工作比较难以掌握，有一定的技术含量，所以就需要有专门的一些人来从事这些工作。

● 原始人制陶情景

于是出现了技术分工，有一部分人就脱离了农业生产，专门从事一项专业的手工劳动。

烧陶和冶金是重体力劳动，一部分体力强壮的男人由于掌握了技术，开始从事烧陶、冶金的生产活动。一部分女人由于熟悉采摘作业，加之体弱、心细等特点，就专门从事采桑养蚕、制作纺织品的生产活动。

这些专门从事手工劳动的活动，已经有了专业化的分工，这时手工业就诞生了。

手工业的发展

原始社会是公有制社会，因为那时候人们的生产能力不足，生产出来的粮食和打来的猎物不够人们消费的。如果不平均分配，有一部分人就会饿死，这样就削弱了集体的力量，最终可能引起种族的灭亡。

原始社会后期，随着人们生产能力的提高，社会产品越来越丰富。人们除了正常消费以外，产品有了剩余，即使有少数人不劳动，大家生产的产品也足够维持整个人群的生存，这样有一部分人就可以摆脱繁重的体力劳动去从事社会管理和文化活动。由于社会分工越来越细，一个家庭生产的产品不可能很齐全，例如，专门进行种田的农民，没时间也没技术去冶炼金属制作镰刀，而专门制作镰刀的铁匠又没法用大量的时间去生产粮食。于是，农民就拿出一些粮食去换铁匠的镰刀，这样，农民得到了生产要用到的工具——镰刀，铁匠也得到了填饱肚子的粮食，这就是原始的交换现象。通过交换，在满足对方需求的同时也满足了自己的需求。

考虑到交换的产品要适应对方的需求，自己的产品就要根据对方的需求进行生产，比如，工具的形状、大小、重量等，充分体现消费者的个性需求。

用产品互相交换是很不方便的。比如，一个养羊的人需要一件衣服和一个陶罐，而一头羊分别拿去换衣服和陶罐，分割起来很不方便。后来，人们发明了货币，用货币衡量产品的价值，那个人可以把羊卖给需要羊的人，拿着卖羊得到的货币就可以去买衣服和陶罐，也可以用来买其他的东西。货币的发明，极大地方便了物品的交换。于是，古代人就可以专注于产品的生产，将换来的货币储存起来，用以随时购买需要的物品。

最早的货币是用比较稀缺而又容易携带的物品来充当的，我国古代曾用一种比较少见的贝壳作为货币，这就是贝币，由于贝币后来比较容易得到，不易防伪，后期就开始使用铜、金、银等稀少的金属材料来制作，并且加上特殊的花纹装饰，兼有防伪作用。

正是产品交换的发展，才使手工业真正成为一门职业。

● 最早的货币——贝币

古代手工业的经营形态

▶ 古代的手工业分为三种经营形态：

官营手工业：原料和产品的生产、销售由官府控制，主要包括金属冶炼、盐业、陶瓷、纺织、家具、建筑等方面，生产的产品质量精美，价格昂贵，主要为帝王、贵族服务。其中有的产业是生活必需品，由官府垄断，以便获取更多的利润，例如盐业。

民营手工业：由民间私人自主经营，经营方式灵活，技术革新比较快，是古代重要的经营方式。

家庭手工业：生产的产品主要供自己消费，也有的用来缴纳赋税，剩余的部分可以用来出售。

手工业的影响

我国古代的手工业得到了极大发展，生产技术非常先进，社会产品非常丰富，而西方一些国家的手工业水平就差很多，他们对我国的产品非常渴求。

在我国西汉时期，汉武帝派张骞出使西域，开辟了以首都长安（今西安）为起点，经甘肃、新疆，到中亚、西亚，并连接地中海各国的陆上通道。它的最初作用是运输我国古代出产的丝绸，这条通道被称为"丝绸之路"。后来发展出"海上丝绸之路"。

手工业的发展，促进了世界各国之间的物质交流和文化交流，也刺激了手工业的快速发展。同时，唐代丝绸之路的畅通繁荣，也进一步促进了东西方思想文化交流，对社会和民族意识形态发展，产生了很多积极、深远的影响。

古代手工业的原料主要是天然材料，但由于生产规模较小，生产技术相对落后，人口较少，需求量不大，废弃的产品除了陶器很难降解以外，对环境的影响相对较小。即使是陶器，由于其使用寿命很长，也不会对环境造成大的破坏。

7 追逐效益最大化的大批量生产方式

从远古的原始社会开始，一直到古代的奴隶制社会、封建社会，生产技术的发展极为缓慢，即使到了500年前的资本主义社会初始阶段，人们的生产活动规模还是比较小，因此，生产出来的产品数量有限；人类的活动范围也比较小，贸易中货物的流动量不大，商业不发达，以手工业为主的生产活动主要用来满足日常生活的需求。

进入资本主义社会后，由于科学技术的高速发展，人类的生产效率空前提高，生产方式出现了前所未有的新模式。人类的需求由满足最基本的生活需要，转变成积累更多的财富，赚取更多的利润，世界发生了翻天覆地的变化。

第一次工业革命

古老的纺织技术从诞生以来，一直是手工劳动的方式，无论是纺纱还是织布，都是以人力作为动力，纺纱机和织布机都要靠人手的操作。例如，织布时，先穿好很多根经线，然后用手把缠有纱线的梭子从这些经线中穿过，这种横向穿过的线就是纬线，每穿过一根纬线，就要用工具把纬线之间的缝隙压紧，这样效率很低，即使一个熟练的织布工，一天也只能织布4~5米。

1733年，英国约翰·凯伊发明了飞梭。飞梭就是安装在滑槽里带有小轮的梭子，滑槽两端装上弹簧，使梭子可以快速地来回穿行。这样的织布梭要比手工投送的老式梭子快多了，大大提高了织布速度。

小变化看科技进步

1764年，织工哈格里夫斯发明了"珍妮纺纱机"，这种纺纱机可以同时纺出十几根纱线。

这些技术的发明，引起了技术革新的连锁反应，人们又尝试使用畜力、水力等力量来驱动机器，生产效率得到了极大提高。

机器的运转需要动力，畜力的力量有限，而水力受河流的分布和落差等条件的限制，无法满足众多机器的需要。人们迫切需要一种力量更大、动力输出更稳定的动力装置。

人们发现，水壶中的水被炉火烧开时，大量溢出的水蒸气可以推开水壶的盖子，这种力量很大，如果壶盖密封得比较好，用手几乎按不住水蒸气对它的推力。人们从此得到启发，能不能利用蒸汽的力量来驱动机器工作呢？经过不断探索，人们发明了蒸汽机。

刚开始发明的蒸汽机存在很多弊端。1785年，英国瓦特制成的改良型蒸汽机投入使用。这种蒸汽机技术非常成熟，在各个领域得到了普遍应用。

由于能量巨大的蒸汽动力开始带动各种机器工作，人类社会从此进入了"蒸汽时代"。

随着工业生产中机器生产逐渐取代手工操作，传统的手工业无法适应机器生产的需要，为了更好地进行生产管理，提高效率，资本家开始建造工房，安置机器，雇用工人集中生产，这样，一种新型的生产组织形式——工厂出现了。

工厂的出现，使人们分工生产，不需要工人掌握生产的全部技术，仅需要掌握自己分工的那个技术环节就可以了，这样工人就会很快提高自己的技能。机器的使用和工厂化的生产管理，提高了生产产品的速度，产品的数量迅速增加。

绿色家园 8

工厂生产率的提高,需要有便捷的大运力运输工具来运输原材料和产品,同时由于商业的发展,人们的活动范围逐渐加大,也需要便捷的交通工具出门旅行,因此交通运输业也随之得到了快速发展。1807年,美国人富尔顿制成的以蒸汽为动力的汽船试航成功。1814年,英国人斯蒂芬孙发明了"蒸汽机车"。从此,英国具备了全国工业化的条件。1840年前后,英国的大机器生产基本上取代了传统的工厂手工业,工业革命基本完成。英国成为世界上第一个工业国家。

这次起源于英国的以机器代替手工劳动的技术革命,后来被人们称为"第一次工业革命"。

18世纪末,工业革命逐渐从英国向法国、德国等欧洲大陆国家和北美洲传播。后来,又扩展到世界其他地区。

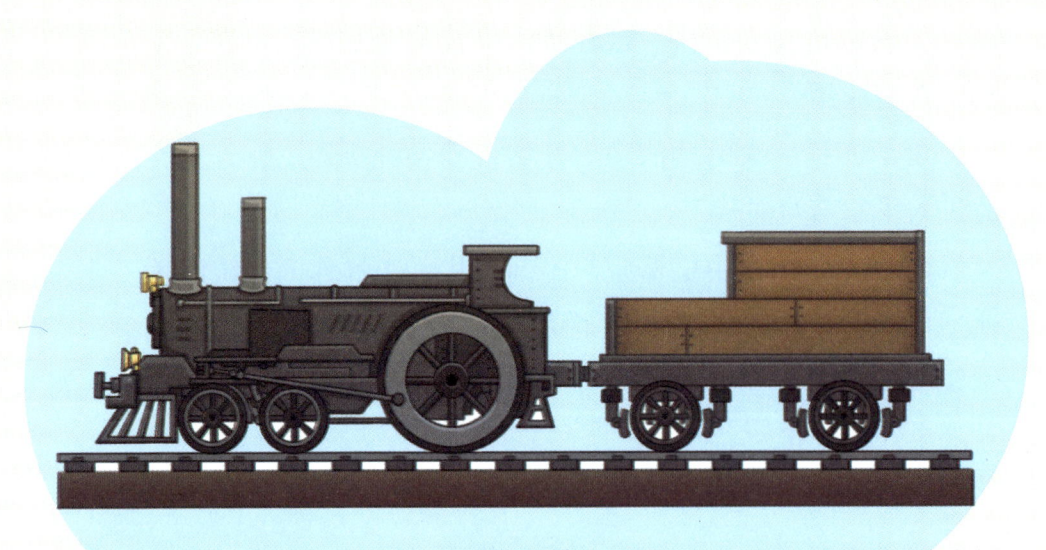

● 蒸汽机车

第二次工业革命

19世纪六七十年代开始，出现了一系列的重大发明。

1866年，德国人西门子制成了发电机；接着，实际可用的发电机问世。后来，人们又发明了电动机、电灯、电车、电影放映机。电能仅仅通过电线就可以传输，而且电动机作为动力机械体积小，功率可调，维护方便，因此成为一种应用广泛的动力装置。

19世纪七八十年代，以煤气和汽油为燃料的内燃机相继诞生，19世纪90年代柴油机研制成功。原来的蒸汽机存在很多缺点，它的锅炉需要一个巨大的储水桶，使用的燃料主要是煤炭。因为煤炭的热利用率不高，所以一台蒸汽机就非常笨重；而内燃机燃烧的是柴油、汽油等石油提炼品，利用柴油、汽油燃烧的力量直接推动机器运动，热利用率也比较高，体积大幅度缩小，既可以用在火车、轮船等大型交通工具上，也可以用在汽车、摩托车那样的小型交通工具上。内燃机的发明，也推动了石油开采业的发展和石油化工工业的生产。

19世纪70年代，美国人贝尔发明了电话。19世纪90年代，意大利人马可尼试验无线电报取得了成功。电话、电报为迅速传递信息提供了方便，世界各国的经济、政治和文化联系进一步加强。

电力和内燃机的广泛应用，使科学技术又一次推动了生产力的发展，对人类社会的经济、政治、文化、军事、科技产生了深远的影响。这次技术革命被称为"第二次工业革命"。

现代工业生产

现在，全球已进入信息化时代，劳动手段实现了机械化、电气化、强速化、精密化和自动化，生产实现了高度集中化、专业化、协作化和联合化，具有较高的劳动生产率。

计算机自19世纪40年代出现以来，得到了迅猛的发展。计算机的运算能力迅速加强，体积越来越小，在工业、农业、军事、交通、家庭生活、社会管理等各个领域都得到了广泛应用。

使用计算机控制的自动化工厂只用很少的技术人员，就能控制众多机器，完成以前需要很多人才能完成的工作。

现代工业生产技术高度集中，比如一台汽车就集中了材料、能源、力学、化学、电子、光学、自动化控制等各方面的技术。而由于现代产品的复杂程度很高，一个工厂很难做出产品所需要的所有零部件，所以就采取了公司专业化的生产方式，公司之间互相协作，联合生产一种产品。这样，可以提高生产率，实现效益最大化。

虽然现代工业得到迅猛发展，但由此引发的一些问题也不容忽视：

一、大型的工业生产需要占用大量的土地，使本来就因人口急剧膨胀造成的土地资源紧缺变得越来越严重。

二、现代工业所需要的矿产资源急剧减少，开采矿山也破坏了自然环境。

三、燃烧煤炭、石油等矿物燃料排出的废气对大气造成了严重污染。

四、工业产品特别是化学产品用过以后，会产生大量的垃圾，这些垃圾在自然条件下很难降解，对生态环境产生了严重影响。

大问题显生态警示

当前，随着经济全球化的深入发展，世界各国在政治、经济、社会、文化等方面相互渗透、相互依存的关系日益加深，全球性问题也日益增多，这些问题不仅种类繁多，而且变化多端。要有的放矢、有效地应对全球性问题的挑战，正确地理解和坚持"和平与发展"这一时代主题，首先需要深刻认识和把握我们所面临的全球性问题及其发展趋势。

1 人口问题

在众多全球性问题中，人口问题是迫切需要了解和解决的首要问题。社会的发展离不开人类的生生不息。人口发展不仅是当今时代促进经济增长的关键，也是实现资源有效配置，生态可持续发展的重要基础。人口问题主要有数量、质量、结构、分布四大要素。一直以来，世界人口发展格局存在着一定的区域差异。

人口数量迅速增长

全球人口的快速增长是世界近代史的一个重要现象。在人类的发展历史中，由于高出生率和高死亡率相互抵消，世界人口几千年来处于缓慢增长状况。人口增加与人口减少现象经常交替出现，在很长的时间里世界人口并没有明显的增加。因此大约花了1 600年的时间世界人口才达到6亿的规模。1750年世界人口约为7亿9 100万。1900年，人口约增加到1750年的两倍（17亿）。世界人口在1900年以后加速增长，1950年达到25亿，短短50年间增加47%。更快速的增长开始于1950年，由于发展水准较低的国家与地区死亡率下降，世界人口于1999年迅速达到60亿，约是1950年人口的2.4倍。由于大部分国家生育率增长的效应，在1965—1970年世界人口年增长率达到2.04%的最高水准，此后即开始下降。

从世界人口发展的趋势来看，发达的工业国家的人口已停止增长：美国人口处于不变状态，其人口增长的唯一原因是移民；日本人口连续负增长；欧洲的人口正逐年下降。发展中国家人口继续保持增长，但也已经出现减缓趋势。1998年联合国对世界人口的估计为2050年将达到89亿。1900年欧洲人口约为非洲人口的3倍，2050年非洲人口则将是欧洲人口的3倍。这表示未来世界人口版图将有很大的变化（尤其非洲地区），这种变化是因为目前欧美国家人口增长率远低于发展程度较低的国家与地区。

人口老龄化

对于全球社会面临的紧迫问题来说，人口不仅仅是单纯的数量问题，老龄化也是很多国家正在面对的严峻现实。

根据1956年联合国《人口老龄化及其社会经济后果》确定的划分标准，当一个国家或地区65岁及以上老年人口占总人口数量比例超过7%时，则意味着这个国家或地区进入人口老龄化阶段。在1982年维也纳老龄问题世界大会上，确定了一个国家或地区60岁及以上老年人口占总人口数量比例超过10%，就意味着这个国家或地区进入严重人口老龄化阶段。1999年全世界约有5亿9300万人是年龄在60岁及以上的，约占世界人口的10%。到2050年60岁及以上人口将增加到20亿，将占当年人口的22%。1950年世界人口的中位数年龄为23.5岁，1999年则为26.4岁，预计到2050年将提高到37.8岁。另外一项值得注意的是，2050年孩童（14岁及以下）人口比例将降低到20%，这将是人类历史上老年人口比例首次超过孩童人口比例。

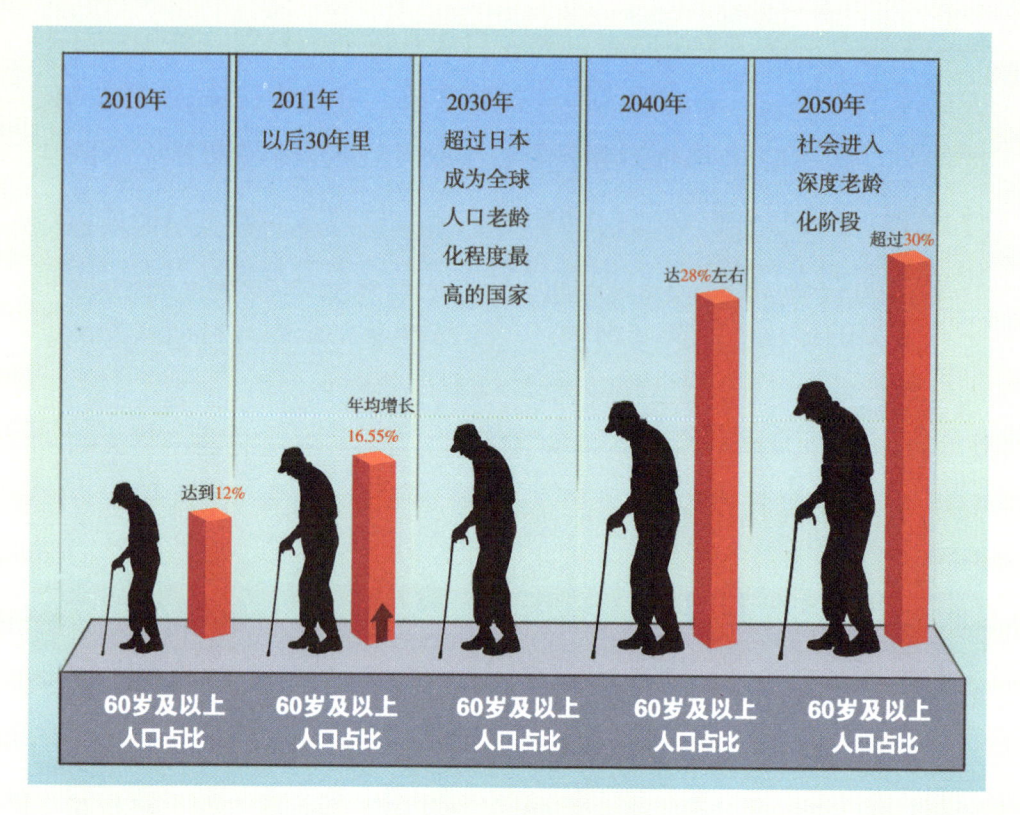

2010年	2011年以后30年里	2030年超过日本成为全球人口老龄化程度最高的国家	2040年	2050年社会进入深度老龄化阶段
达到12%	年均增长16.55%		达28%左右	超过30%
60岁及以上人口占比	60岁及以上人口占比	60岁及以上人口占比	60岁及以上人口占比	60岁及以上人口占比

● 中国人口老龄化进程图

疾病与贫穷共存

据世界卫生组织统计，2002年全球有5 000多万人死亡，其中有1 000万左右为五岁及以下儿童，82%来自低收入地区；另有1 500万人死于传染病和寄生疾病，80%也是来自低收入地区，这些地区每年约有50万妇女因怀孕而死亡，是较高收入地区的451倍；因缺乏食物与营养死亡的，达37.7万人，为高收入地区的21倍。健康不佳与贫穷状况息息相关。例如，缺乏清洁饮用水影响着11亿人的生活；在2002年，1 800万人死于腹泻。联合国儿童基金会与英

国伦敦经济学院及布里斯托尔大学合作的研究显示，全球儿童中：有6.4亿名儿童缺乏安全居所；有5亿名儿童未能使用基本卫生设施；有4亿名儿童饮用不到安全、洁净的饮用水；有3亿名儿童被剥夺获得资讯的权利（包括电视、收音机或报纸）；有2.7亿名儿童缺乏医疗保健服务；有1.4亿名儿童从没有机会上学，当中主要是女童；有9 000万名儿童严重缺乏食物。更令人忧虑的是，全球有超过7 000万名儿童，被剥夺两项或以上的基本生活需求。贫穷并非仅仅是发展中国家面对的问题，过去十年，在全球十五个工业国家中，有十一个国家的贫穷儿童比例正不断上升。贫穷与疾病的问题不断地困扰着世界上的弱势国家，若不正视其严重性，它将以轮回的态势不断在这些国家恶性循环。

人口问题困扰世界

人口问题已成为一个日益严重的全球性问题。它不仅加重了环境和资源问题，也带来严重的社会问题，而且与资源和环境问题交织在一起，对世界可持续安全与可持续发展均产生了巨大的影响。

人口问题影响经济发展

如今，虽然全球人口数量仍呈上升势头，但随着老龄化日益严重，人们已经清醒地认识到人口问题影响着社会经济发展。日本是世界上老龄化问题最严重的国家之一。早在20世纪70年代，日本就迈入了老龄化社会，是亚洲最早进入人口老龄化社会的国家。人口年龄结构老化及劳动年龄人口减少严重制约着日本的经济增长，人口老龄化最大的负面影响是总劳动力的减少。劳动人口的减少造成劳动供给缩小，这将成为阻碍经济增长的重要因素。同时老龄化会增加社会保障成本，给企业带来负担，甚至会给企业竞争力带来许多负面的影响。

人口问题给自然资源和生态资源带来沉重的压力

人类生存发展，需要消耗各种自然资源。在这些资源中，有些是总量固定越用越少的，有些资源的获得成本变得越来越高。随着人口数量的激增，生活的方方面面对各种资源的需求数量也极速增大，人们必须通过过度开发来满足需要，这势必使自然资源出现危机，影响到生态环境。

在重大压力下，人类曾为争夺自然资源多次发动战争，比如中东自从发现了丰富的石油资源后，就成了全球最不稳定的地区之一。因资源争夺导致的冲突可能将长期存在。

人口问题带来严重的社会问题

人口数量的变化会造成社会的不稳定，因为人类社会是由一定数量的人口组成，少了会影响人类社会的多样性、丰富性，会影响社会的力量，包括抵抗自然灾害的力量与建设社会的力量；而人口的质量包括文化、体能与结构等，也将会对社会整体产生影响。

人口老龄化给世界各国的经济、政治、文化及社会等方面的发展会带来深刻的影响，而面对庞大的老年群体，养老、医疗、社会服务等行业所面临的压力也越来越大。对发展中国家而言，"未富先老"成为空前严峻的挑战。

大问题显生态警示

人口问题势必还会带来更为严重的环境、交通、就医、就业、就学、住房等方面的问题。

面对全球性人口问题，中国政府积极应对，你知道中国的人口问题主要有哪些表现及相应的对策吗？

小资料

世界人口日

世界人口日是每年的7月11日。1987年7月11日，地球人口达到50亿。为纪念这个特殊的日子，1990年联合国根据其开发计划署理事会第36届会议的建议，决定将每年7月11日定为"世界人口日（World Population Day）"，以唤起人们对人口问题的关注。

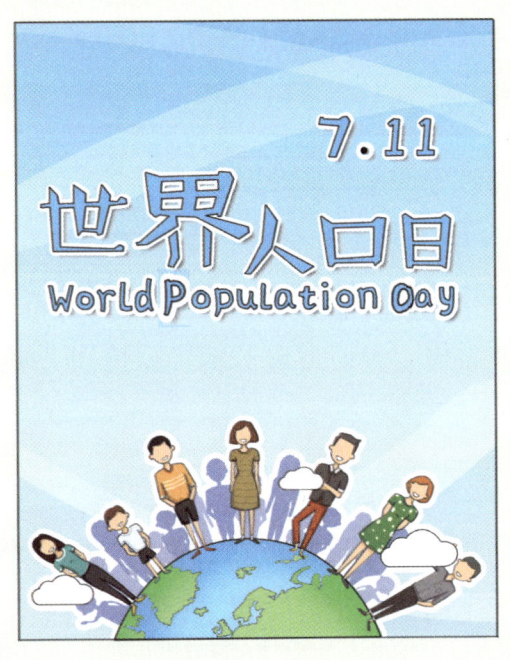

● 世界人口日宣传画

2 垃圾问题

垃圾，又称为废弃物，广义来说，只要我们认为没有用而扔掉的物品都可以称为垃圾。人类在生产、消费、生活和其他活动中产生的废弃固体、流体物质都包括在此范畴内。

生活在地球上的人类，每天在进行各种活动的同时，也不断地产生着各种各样的垃圾。随着人类的发展，垃圾产生的数量也越来越多。有人做过粗略的估计，全球每天垃圾的产量接近100亿吨，如此庞大的数据摆在面前，人们不能再回避这个全球性的问题了。

常见垃圾的种类

按照垃圾产生的途径，我们周围的垃圾大体分成生活垃圾、工业垃圾、农业垃圾、特种垃圾四大类。

生活垃圾

生活垃圾是指在日常生活中或者为日常生活提供服务的活动中产生的固体废弃物以及法律、行政法规规定视为生活垃圾的固体废弃物。

● 我们周围的生活垃圾

我国按照生活垃圾的不同成分、属性、利用价值以及对环境的影响，并根据不同处置方式的要求，将其分成四大类：可回收垃圾、厨余垃圾、有害垃圾和其他垃圾。

可回收垃圾是指适宜回收和资源化利用的生活垃圾，主要包括未被污染的废纸类、废金属、废塑料、废玻璃等。

厨余垃圾，又称为易腐垃圾，是指居民日常厨余垃圾以及农贸市场、农产品批发市场等产生的易腐性垃圾，主要包括剩菜剩饭、骨头残渣、菜根菜叶、畜禽产品内脏等。

有害垃圾，是指对人体健康和自然环境造成直接或潜在危害的废弃物，主要包括废电池、废日光灯管、废水银温度计、过期药品等。

其他垃圾，是指除可回收垃圾、易腐垃圾和有害垃圾以外的剩余垃圾，主要包括砖瓦陶瓷、渣土、卫生间废纸等难以回收的废弃物。

工业垃圾

随着经济的发展，我国工业垃圾的产生量无论从数量上还是从种类上都在迅速提升。固体废弃物产生量一般与GDP成正比增长，这就意味着正以"中国速度"高速增长的经济使得我国在未来的十几年甚至几十年，都会面临处理巨量工业垃圾的挑战。

● 采矿废渣

工业垃圾，又称为工业固体废弃物，是指在工业生产活动中产生的固体废弃物。工业垃圾是固体废弃物的一类，简称工业废弃物，是工业生产过程中排入环境的各种废渣、粉尘及其他废弃物。工业垃圾可分为一般工业废弃物（如高炉渣、钢渣、赤泥、有色金属渣、粉煤灰、煤渣、硫酸渣、废石膏、脱硫灰、电石渣、盐泥等）和工业有害固体废弃物。

农业垃圾

农业垃圾是指在整个农业生产过程中被丢弃的有机类物质，主要是农作物秸秆、枯枝落叶、木屑、动物尸体、家禽家畜粪便以及农业用资材废弃物、肥料袋和农用膜等。

特种垃圾

特种垃圾是指具有某种特殊性质的各种危险废弃物质，主要包括放射性垃圾、有毒性垃圾、传染性垃圾、爆炸性垃圾、引火性垃圾和腐蚀性垃圾等。

垃圾的危害

随着城镇化进度的加快和人们生活水平的提高，我国城市的垃圾产量不断增长。据估测，我国大中城市人均生活垃圾量每天为1.0～1.2千克，也就是说一位市民1年要产生约400千克的生活垃圾，一座拥有50万人口的中等城市一年会产生约20万吨生活垃圾。

各种垃圾对我们造成的危害是无法估计的。主要有三方面：破坏生态平衡，影响人体健康，制约经济发展。

垃圾破坏生态平衡

1. 污染大气环境

垃圾是一种成分复杂的混合物。在运输和露天堆放过程中，会腐烂霉变，释放出大量恶臭、含硫等有毒气体。其中含有机挥发气体的达100多种，这些释放物中有的则含有许多致癌或致畸物质。我国的兰州市因大气污染严重，曾被称为"看不见的城市"，兰州的市民天天忍受着恶劣的环境。兰州市的大气环境如此糟糕，除地理、气候方面的原因外，更为主要的是由于它是一座重工业城市，工业垃圾的大量产生致使大气环境日益恶劣。

2. 污染水体

垃圾对水体的污染途径有直接污染和间接污染两种。直接污染是向水体直接倾倒垃圾。间接污染是垃圾在堆积过程中，经过自身分解和雨水浸淋产生的渗滤液注入江河、湖泊和渗入地下水层，导致地表和地下水的污染。

垃圾在堆置或填埋工程中，会产生大量酸性、碱性有毒物质。工业生产中产生的垃圾往往含汞、铅、镉等有害物质，这些有害物质形成渗滤液，流入周围地表水，造成水体黑臭；渗透到地下，造成地下水浅层不能使用，水质恶化。全国60%的河流存在氨氮、挥发酚、高锰酸盐污染，氟化物严重超标，水体部分或完全丧失自净功能，影响水生物繁殖和水资源利用。《2013年中国环境状况公报》显示，我国十大水系水质一半污染，全国地表水总体轻度污染，而地下水中90%都遭受了不同程度的污染，其中60%污染严重。相关部门对我国118个城市连续监测数据显示，约有64%的城市地下水遭受严重污染，33%的城市地下水受到轻度污染，基本清洁的城市地下水只有3%。这些数据令人触目惊心，而这些被污染的水域，绝大部分的污染源都是各种各样的垃圾。

3. 污染土壤

垃圾中的塑料袋、废金属、废玻璃等物质中的有毒成分会遗留在土壤中，这些有害物质会改变土壤的性质和结构，造成土壤污染，同时对土壤中微生物的活动产生影响，甚至杀死土壤中的微生物，使土壤丧失分解能力，导致草木不生。垃圾中的有毒物质还可能危害农作物的生长，甚至会在植物有机体内积蓄，通过食物链间接危及人体健康。

垃圾影响人体健康

生活垃圾成分复杂，若不能及时清运，其堆放场所往往成为蚊、蝇、蟑螂和老鼠的滋生地。垃圾中有许多致病微生物，是动物传染疾病的根源。垃圾散发臭味或有毒气体，不但污染环境，影响周围环境卫生，还可能直接影响人体健康。

垃圾中的有害成分在物理、化学、生物的作用下会发生浸出，含有害成分的浸出液可通过地表水、地下水、大气和土壤等环境介质直接或间接被人体吸收，对人体健康产生不良影响，甚至对人体健康及生命造成威胁。误食或使用这些受到污染的地下水的人们易产生腹泻、沙眼等疾病。贵阳市曾流行过一次痢疾，其原因就是地下水被垃圾浸出液污染，致病微生物严重超标。近些年来，各地一些不法分子利用餐饮垃圾养殖"垃圾猪"，制取并贩卖"地沟油"，这些产品流向餐饮店、家庭厨房和学校、工地食堂的餐桌，对人体健康产生难以估量的危害。

垃圾制约经济发展

1. 占用土地资源

垃圾的堆放或者填埋处置，都要占用一定的土地，而且累积的存放量越多，所需的土地面积也越大。据估算，每堆积1万吨垃圾需占用土地600多平方米。

据2018年统计，全国600多座城市中已有三分之二陷入垃圾包围，大量生活垃圾裸露堆放，堆存量高达70亿吨，侵占土地5亿多平方米。

2. 垃圾处理费用高

垃圾处理是一个世界性的难题，需要巨额资金。处理每吨城市生活垃圾需几十元到数百元不等，特别是大型垃圾处理设施建设资金一次性投入巨大。以广州市为例，2002年广州市政府投资6.8亿元人民币，建成兴丰生活垃圾卫生填埋场；2006年又投资7.25亿元人民币，建成广州垃圾焚烧发电一厂；2013年建成的规模2 000吨的第二座垃圾焚烧发电厂花费近10亿元人民币。据估算，近年来广州市投入生活垃圾处理设施建设的资金已达80亿元人民币，如此沉重的垃圾处理和设施建设费用，对城市建设来说确实是沉重的负担，严重制约着城市的发展进程。

3. 浪费资源

有专家算出北京每天产生的生活垃圾中可回收的经济价值和环保价值：废纸约1 500吨/天，若回收再造可产生1 200吨好纸，节约木材6 000立方米，少用纯碱360吨，降低造纸的污染排放75%，节电77万千瓦时；废塑料，1 500～2 000吨/天，若回收用来炼油，估计可以节约50万升无铅汽油、50万升柴油，仅汽油一项就可供

绿色家园 8

3万多辆小轿车行驶100公里；废纸盒约80万个/天，可建成建筑装修用优质强力胶；废玻璃约1 500吨/天，若回收造玻璃，可节约石英砂100万吨，少用纯碱375吨，节约长石粉90吨，煤炭15万吨，节电60万千瓦时；废织物600吨/天，可用于造纸等；废金属约180吨/天；废电池约30万粒/天，而废电池中所含的汞、镉均是污染性极强的有毒重金属，但从回收电池中可以提取到稀有金属锌、铜和二氧化碳。因此垃圾才被称为"放错地点的原料"。

如今，垃圾分类已成为新时尚，你对垃圾分类标准有多少了解？

小资料

世界清洁日：每年9月的第三个周日是"世界清洁日"。世界清洁日是一个国际性的社会行动，致力于通过影响人类行为模式以应对世界上的陆地失控垃圾以及海洋垃圾问题。这个行动源起于爱沙尼亚的"Let's Do It."基金会，2008年该基金会首次行动即召集到了5万多名志愿者在爱沙尼亚全境内进行一天的失控垃圾清理。这次行动为爱沙尼亚减少了大约1万吨非法的垃圾。世界清洁日的参与者主要以志愿者为主，同时非政府组织有时会帮助他们影响大众、协调活动以及筹款。

● 保护绿岛宣传画

3 资源问题

我们经常说到的资源，在多数情况下指的是自然资源。自然资源泛指天然存在的并有利用价值的自然物，如土地、矿藏、气候、水利、生物、森林、海洋、太阳能等资源。自然资源还有另一个定义：在一定的技术经济条件下，自然界中对人类有用的一切物质和能量。从上述定义中，我们不难发现，资源对于人类是多么重要。

地球资源短缺

人类在其发展的历史过程中，对资源（尤其是陆地资源）的消耗程度是相当惊人的。近几个世纪以来，人口急剧增加，增加的每一个人为达到其对水、食物与庇护等最基本的生存需求，就会对资源多一份消耗。而社会经济与科技的发展，改变了人类文化中对物质与资源的想象与依赖，生活水准的提升带来的是对资源消耗的不断加剧，也因此造成人均资源消耗的不断增加。

土壤退化严重

人类不适当的开垦、砍伐，不合理的种植和灌溉，农药、化肥使用不当等，会引起土壤退化，表现为水土流失、土壤沙化、土壤侵蚀、土壤盐碱化、土壤肥力下降、土壤污染等。土壤退化问题不容乐观，土壤

● 被侵蚀的土地

退化不仅使土壤生态环境功能衰弱，生产能力衰退，甚至使其失去使用价值。

联合国发布的2015年《世界土壤资源状况》显示：全球33%的土地因侵蚀、盐碱化、板结、酸化和化学污染而出现中度到高度退化。中国是世界上受土壤退化影响最严重的国家之一。在中国，土壤侵蚀和水土流失是最主要、危害最严重的土壤退化形式。

森林覆盖率低

地球物理学家说：森林是地球的肺；人类学家说：森林是人类的摇篮。地球不能没有森林，人类更不能没有森林。绿色森林与地球和人类息息相关。和其他自然资源一样，世界各国的森林和草地资源也在遭受着不同程度的破坏。据联合国粮农组织统计，地球上每分钟有10公顷森林被毁掉。

● 绿色森林

中国国土辽阔，但森林资源少，森林覆盖率低，地区差异很大。第九次全国森林资源清查于2014年开始，结果显示：全国森林面积2.2亿公顷，森林覆盖率22.96%。森林面积位居世界第5位。我国森林覆盖率仍远低于全球30.7%的平均水平，人均森林面积不足世界人均水平的1/3，人均森林蓄积只有世界人均水平的1/6。

水资源紧张

水资源短缺和水资源污染，已成为当代世界最严重和最重大的资源环境问题之一，也是人类未来将面临的最为严峻的挑战之一。联合国于2019年发布的《世界水资源开发报告》显示，自20世纪80年代开始，由于人口增长、社会经济发展和消费模式变化等因素，全球用水量每年增长1%。随着工业和社会用水的增加，到2050年全球需水量预计还将保持同样的增速，相比目前用水量将增加20%~30%。将有超过20亿人生活在水资源严重短缺的国家，约40亿人每年至少有一个月的时间遭受严重缺水的困扰，且将会有22个国家面临严重的水压力风险。随着需水量不断增长以及气候变化影响愈加显著，水资源面临的压力还将持续升高，这将会影响水资源的可持续利用，并增加使用者之间的潜在风险冲突。

● 干涸的河床

矿产资源贫瘠

人类的生产和生活目前还离不开矿物燃料和金属矿产，它们在地壳中的含量都是有限的，开采多少，储量就减少多少，开采的速度越快，减少的速度也越快。某些使用过的废旧金属可以回收并重复利用，但能重复利用的程度有限，根本不能取代新开采的需要。

中国是全球矿产资源生产大国和消费大国。《全球矿业发展报告2019》显示：2018年，中国能源总产量占全球19%、铁矿石占全球11%、铜占全球7%、铝土矿占全球21%，能源总消费量占全球24%、钢铁占全球49%、铜占全球53%、铝占全球56%。可见我国对矿产资源的需求仍处于较高水平。

在对矿产资源的开采和利用过程中，由于技术、利益等多方面因素，存在着大量浪费的现象。长此以往，本不富裕的资源会变得更加贫瘠，以"提高资源利用率，减少或避免污染物的产生和排放"为主要目的的资源使用显得更为急迫。

● 深不见底的矿坑

资源短缺带来的影响

自然资源具有两重性：它既是人类生存和发展的基础，又是构成人类生存环境的要素。目前全球性资源问题日益凸显，也给人类带来了影响。

全球政治不稳定

人类曾为争夺自然资源多次发动战争。比如，日本参与第二次世界大战的一大理由就是日本本土资源缺乏；又比如，中东地区自从发现了丰富的石油资源后，就成了全球最不稳定的地区之一。加之人口增长及区域发展不平衡，因资源争夺导致的冲突可能将长期存在。

农业、林业、牧业发展受到影响

农村生活资源短缺，绝大多数农户主要靠秸秆和柴草烧饭和做饲料。但是秸秆直接烧掉，首先燃烧效率极低，只能利用生物质能中的极小部分，其次灰烬中只留下了一些钾肥，而大量有机质和氮、磷等植物营养素成分均被烧掉。因为生物质能使用不当，造成了恶性循环，农村燃料、饲料、肥料、轻工业原料缺乏。秸秆不能还田，使土壤肥力急剧下降，土壤变得贫瘠。例如，我国东北黑土地区开荒时土壤的有机质含量在5%以上，但目前已降到1%~2%，华北、西北地区土壤的有机质含量不到1%，从而使农作物产量下降，畜牧业也因饲料不足而不能兴旺发达。不少地区年年造林而不见林，砍柴要走几十里路。

除了上面几点，你认为资源问题还会给地球和人类带来哪些影响？

4 能源问题

能量作为物质的重要属性，是一切物质运动的动力。因此，作为能量来源的能源是人类物质社会的必需要素。从科学意义上讲，凡是能够提供某种形式能量的物质或物质的运动，统称为能源。例如阳光、风、流水、潮汐、木材、煤炭、石油、天然气等，它们或能直接产生能量，或可在一定条件下转化为能量。

能源问题应知道

化石能源：形势严峻

全球经济的现代化推进，得益于化石能源的存在，如石油、天然气、煤炭。经济的发展是建立在化石能源基础之上的。然而，这一经济的资源载体将在21世纪迅速地接近枯竭。英国石油公司《世界能源统计年鉴》2019版数据显示：2018年底，全球石油探明储量1.73万亿桶，根据2018年的储产比，只够开采50年；全球天然气探明储量196.9万亿立方米，根据2018年的储产比，只能开采50.9年；全球煤炭探明储量1.055万亿吨，根据2018年的储产比，还可供开采132年。

进入21世纪以来，中国经济连续高速增长，创造了世界奇迹，但经济增长过多地依靠投资拉动和高耗能行业为主的重工业。国际经验表明，进入资本密集型工业化阶段后，经济增长潜力进一步提高的同时，能源和资源的消耗也必然要出现高增长，尤其是我国的

工业化是一个14亿人口的发展中大国的工业化，这在人类历史上是史无前例的。

可再生能源：发展遇瓶颈

可再生能源是指在自然界中可以不断再生、永续利用、取之不尽、用之不竭的资源。它对环境无害或危害极小，而且资源分布广泛，适宜就地开发利用，是有利于人与自然和谐发展的能源资源。可再生能源是能源体系的重要组成部分，主要包括太阳能、风能、水能、生物质能、地热能和海洋能等。

尽管我国可再生能源发展迅速，相关部门也做了许多工作，但仍然存在着诸多问题。

1. 对发展可再生能源的重要性认识不足

开发利用可再生能源对增加能源供应，保障能源安全，实现可持续发展意义十分重大。但从目前情况来看，有关部门对发展可再生能源的认识不到位，配套设施未能跟上。由此导致可再生能源的环境效益、社会效益难以体现，人们对开发可再生能源的关注度不够，不能形成全社会积极参与和支持可再生能源发展的良好氛围。

2. 超高成本限制了可再生能源的产业化

可再生能源的开发利用对技术与设备要求过高，这也成为新能源开发利用成本过高的重要原因。我国可再生能源发电成本远高于常规能源发电成本，如小水电发电成本约为煤电的112倍，生物质发电成本为煤电的117倍，风力发电为煤电的117倍，光伏发电为煤电的11~18倍。从技术角度看，风能和太阳能转化为电能的成本比水力发电成本还要高，更不具有比较优势。成本偏高自然抑制了可再生能源市场的扩大，市场狭小对降低可再生能源的开发利用成本造成了新障碍，如此循环往复便阻碍了可再生能源的产业化进程。

● 风力发电

3. 缺少专业的研发组织和自主创新能力

开发利用可再生能源是技术含量非常高的产业，需要大批高水平专业技术人才不断研发。但投入不足，致使我国这方面的专业技术人才严重缺乏。虽然我国在可再生能源利用关键技术研发水平和创新能力方面有所提高，但总体上和发达国家相比仍然明显落后。尤其是在风能、太阳能、生物质能、地热能等方面的研究机构还很少，有些方面甚至还没有相应的研究机构。

4. 缺乏完整的政策与法规支持体系

加快发展可再生能源，必须借助国家的政策支持与法规保护。虽然我国颁布了《中华人民共和国可再生能源法》，其制度建设要求也比较全面，但是政策措施和制度建设不配套，尚未完全适应可再生能源发展的要求。总体来看，国家对可再生能源发展的优惠政策还较少，体系还不完善，支持力度也有待进一步加强。

核能：前景广阔

核能俗称原子能，它是指原子核变化过程中所释放的巨大能量。人们开发核能的途径有两条：一是利用重元素的裂变，如铀的裂变；二是利用轻元素的聚变，如氘、氚、锂等的聚变。

核能具有巨大的威力。1千克铀分裂成中等重量的原子核时，产生的能量相当于2 700吨煤完全燃烧释放的能量。一座100万千瓦的核能发电厂，每年只需25~30吨低浓度铀核燃料；而相同功率的煤发电厂，每年则需要300多万吨原煤。核聚变释放的能量比核裂变释放的能量更大。氘和氚进行核聚变结合成1克氦，释放的能量是1克铀裂变产生能量的6倍，相当于1.5万吨煤完全燃烧释放的能量。据测算：1千克煤只能使一列火车开动8米；1千克裂变原料可使一列火车开动4万千米；而1千克聚变原料则可以使一列火车行驶40万千米，相当于从地球到月球的距离。

核能资源储备充足。核燃料主要有铀、钍、氘、锂等。据统计，世界上核裂变的主要燃料铀和钍的储量分别约为490万吨和275万吨。已探明的铀资源足够未来一百年之用。在大海里，还蕴藏着不少于20万亿吨核聚变资源——氘，如果可控核聚变在21世纪前期变为现实，这些氘的聚变能将能满足人类上百亿年的能源需求。

● 核能发电厂

能源危机不得不说

化石能源带来的问题多多

目前以煤炭、石油为主的世界能源结构带来的全球性能源环境问题有酸雨、臭氧层破坏、温室气体排放等。化石能源的利用，是造成环境变化与污染的关键因素。许多发展中国家的城市大气污染已达到十分严重的程度。在欧洲和北美洲也曾出现过超越国界的大气污染。我国以煤炭、石油为主的能源结构也造成了严重的大气污染，二氧化硫（SO_2）和二氧化碳（CO_2）的排放量都居世界前列。

化石能源与原料链条的中断，必将导致世界经济危机和军事冲突的加剧。中东及海湾地区与非洲的几次战争均是由化石能源的重新分配而引发的。这种军事冲突，今后还将更猛烈、更频繁。

核能源存在的潜在危机

人类进入核时代以来，小小的原子核如同一个不断释放出宝物的魔瓶——人类拥有了提供巨大能量的核能发电厂，可以不停地环绕地球运转的核轮船，可以杀灭肿瘤的核仪器，可以探测太空的核飞船……但是核反应堆燃烧后留下来的核废料具有极强烈的放射性，而且其半衰期长达数千年，甚至更长。换句话说，在几十万年后，今天产生的这些核废料还会伤害人类和破坏环境。

核能发电厂的兴建与投产也存在诸多问题：核能发电厂产生的放射性废料以及使用过的核燃料，虽然所占体积并不大，但因其具有放射性，因此处理起来需要慎重；核能发电厂的热效率较低，比化石燃料发电厂排放出更多废热，因此核能发电厂的热污染比较严重；核能发电厂投资成本十分巨大，电力公司的财务风险较高；核能发电厂的反应器内有大量的放射性物质，如果发生意外事故，使其释放到外界环境中，会对生态及大众造成伤害，后果十分可怕。

面对能源问题，人们究竟该何去何从？

5 气候问题

科幻电影《后天》中有这样的镜头：由于气候变暖，在较短时间内形成剧烈的气候变异，因此北半球海平面迅速上升，引发海啸、地震、冰雹、飓风、暴风雪等。这些场面不仅让观众毛骨悚然、心惊胆战，也让气候变化成为全球关注的热点问题。

什么是气候变化

狭义的气候，指地球上某一地区多年时段大气的一般状态。人们发现气候并不是一成不变的。要分析气候变化的原因，从而预测气候变化，就要把气候置于"气候系统"这个统一体中。气候系统是由大气圈、生物圈、水圈、岩石圈相互作用、相互联系组成的复

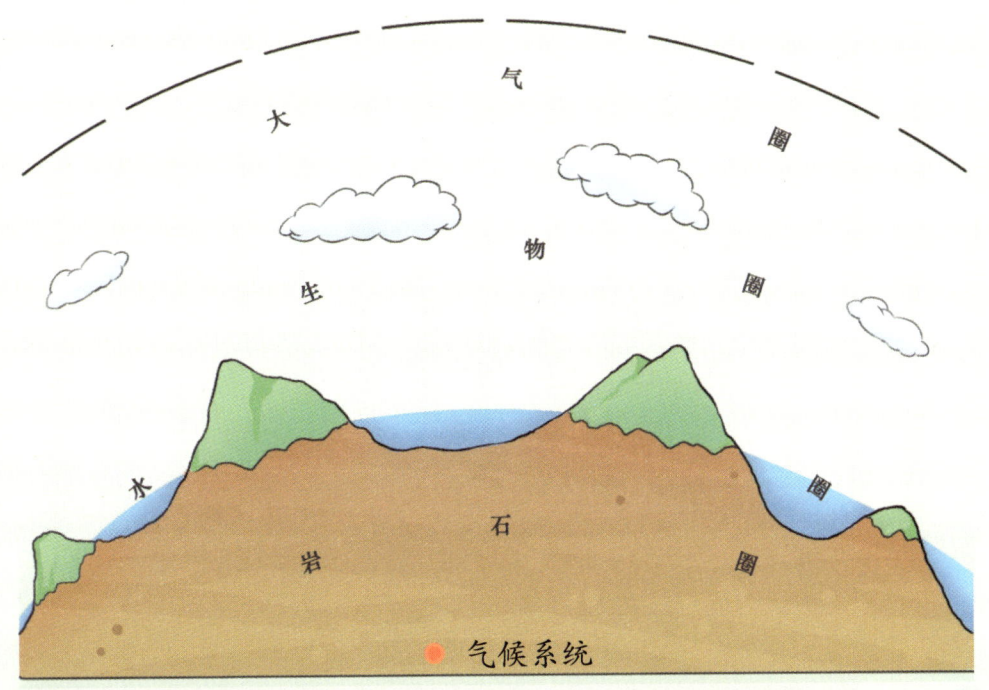

气候系统

杂系统。气候系统随着时间的演变，出现了大气平均状态的显著变化或长时间的持续变动，就是气候变化。

在谈到气候变化的时候，我们就要看看过去的气候究竟是什么样的。从远古到现在，气候已经发生过巨大的改变。

第一阶段在距今22亿~1万年的地质时期，地球经历了一连串的"冰期"，冰期与冰期之间又由短暂而温暖的"间冰期"分割开来。在冰期最冷时，全球平均气温大概比现在低10~12 ℃。间冰期的气温则与现在的温度相当或者比现在稍暖。

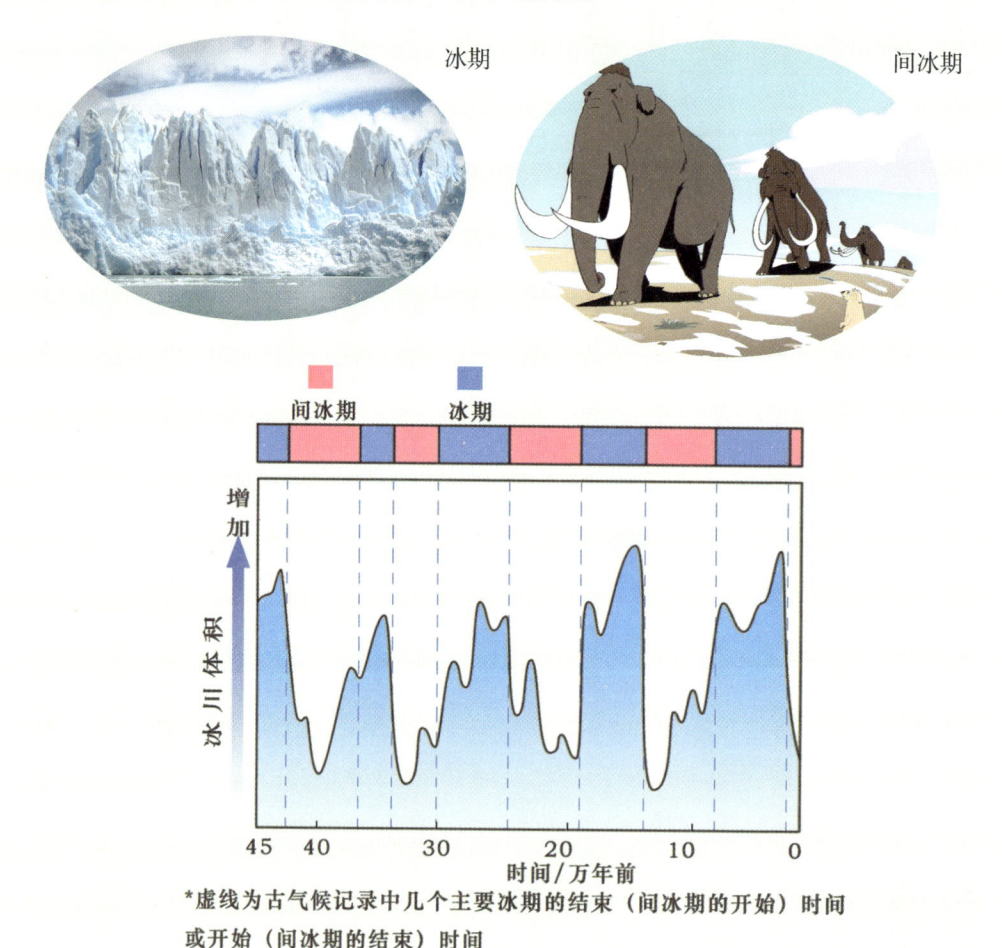

*虚线为古气候记录中几个主要冰期的结束（间冰期的开始）时间或开始（间冰期的结束）时间

● 冰期、间冰期示意图

第二阶段是 1 万年以来的历史时期,地球处于间冰期,也就是气候回暖时期。在这个气候阶段,全球冰盖消融,大陆冰川后退。5 000~7 000 年前,是最暖的一段时期。

第三阶段是一二百年以来有气象资料记录的现代阶段,开始气候比较寒冷,以后气温逐渐上升。2014 年联合国政府间气候变化专门委员会(IPCC)第五次评估报告指出:过去 130 多年来(1880—2012 年),全球地表平均温度升高了 0.85 ℃。各种证据都表明,我们处在一个气候变暖的时代:平均气温升高,极冰融化,海平面上升。

现代气候变化是人类活动的产物

引起气候变化的原因是多方面的,一般分为自然原因和人为原因。人为原因是指人类活动对气候变化的影响,如森林砍伐,盲目垦荒,过量放牧,土地的不合理使用,以及由工业化引起的大气中的二氧化碳和其他微量气体浓度的增加等。从世界工业革命至今的近二百年来,尤其是 21 世纪以来,世界人口的剧增,先进科学技术的迅速发展,经济建设和生产规模的扩大,导致现在人类活动对气候变化的影响已经可以与自然因子的作用相当,甚至超过自然因子。

全球气候正在变暖

古气候研究表明,在远古的某个时期赤道和两极之间的温差非常小,全球没有寒冷气候。大约一百万年前,地球上出现了极地冰川,冰川时常是先扩展到中纬度,然后又退到高纬度,于是地球上出现了冷暖更替的现象。

人类文明出现后,世界社会经济和人口波动与气候变化间存在良好的对应关系。18世纪以前,由于人类的活动能力有限,破坏自然的能力弱,所以没能引起大范围的气候变化。工业革命后,工业化进程的脚步逐渐加快。截至1940年,全球气温上升了0.5 ℃,之后气

● 面临生存环境危机的北极熊

温呈波动上升趋势。20世纪80年代后,全球气温上升的迹象更加明显。统计表明,20世纪年平均气温升高约0.6 ℃。北极的浮冰加速融化,在海洋冰面上捕食的北极熊面临生存环境的危机,越来越多的北极熊被饿死,人们担心这些北极的王者也会遭遇和恐龙一样的命运——气候变暖向人类敲响了警钟。

气候变暖的主要原因普遍归结为人类过度向大气排放二氧化碳以及其他温室气体。人类的生产生活向大气中排放了大量的温室气体。这些气体主要包括二氧化碳、甲烷(CH_4)、氧化亚氮(N_2O)、氢氟碳化合物(HFCs)、全氟碳化合物(PFCs)和六氟化硫(SF_6)。除甲烷外,其他气体在大气中存留的时间较长,最长的可达5万多年,最短的也有100多年。这些排放的温室气体一方面增加了原有大气中温室气体的含量,另一方面增加了新的温室气体,从而改变了大气的成分。

对气候变化影响最大的气体是二氧化碳,它对太阳辐射是透明的,对地面的长波辐射是不透明的,因此在二氧化碳层的下部,热量被贮存起来,从而导致了"温室效应"。

大问题显生态警示

气候变化有多可怕

对环境的影响

19世纪后期至今的一百多年，全球变暖现象已是一个事实。极地和高山冰川的融化，使海水热膨胀，海平面上升。全球气候变暖，也造成了地球温度带的变化，进而导致气压和风的变化及降水的变化，从而使旱涝灾害加剧，厄尔尼诺现象频繁发生。这一切必将给人类赖以生存的资源环境带来重大影响。

对动植物的影响

气候是决定生物群落分布的主要因素。气候变化能改变一个地区不同物种的适应性，并能改变生态系统内部不同种群的竞争力。自然界的动植物尤其是植物群落，可能因无法适应全球变暖的速度而做适应性选择。未来的气候将使一些地区的某些物种消失，而某些物种则受到影响。比如，扬子鳄只生活在宣城、泾县和南陵等狭小的地带。若北界线北移，扬子鳄可能会自然绝种。而受全球气候变暖影响，甘肃黄土高原的苹果开花期提前了14天左右，致使苹果的坐果率及品质有所下降。

对人类的影响

目前我们正处于气候变暖的初步阶段，人们已经观察到海平面上升对很多沿海国家造成了不可挽回的损失，同时也认识到气候变暖将会导致在冰层中休眠的病菌开始传播。例如，在1954年、1975年和1991年的洪水暴发地区，肾综合征出血热（HFRS）的暴发明显增加；1983年，厄瓜多尔、秘鲁和玻利维亚的疟疾暴发即与厄尔尼诺现象带来的暴雨有关；2000年的一场飓风过后，洪都拉斯和委内瑞拉都发生了疟疾和登革热。由此可见，气候的变化已直接影响到人类自己。

多举措促生态建设

　　绿水青山就是金山银山。针对全球出现的各种生态问题，需要在对城乡环境、大气、水源等进行治理的同时，不断修复被破坏的生态环境，将生态文明建设放在首位，结合政治建设、经济建设、社会建设和文化建设的所有方面和全部过程，通过多种举措打造宜居的生态环境。

1 绿色消费

人们要改变以往的消费方式，进行绿色消费。

绿色消费的含义

绿色消费，又叫可持续消费，是一种适度的、有节制的消费，是减少或避免对环境造成破坏，重视保护自然、保护生态的一种新型消费。绿色消费倡导消费者在消费的过程中首先考虑自身的消费行为是否会对生态环境造成影响。绿色消费主张人们主动购买一些对公众健康有好处的绿色产品，这有利于在消费领域实现循环经济。

绿色消费包含回收再利用物资，使用绿色产品，保护生存环境，保护物种，有效地使用能源等，囊括了生产行为、消费行为的各个方面。

● 绿色消费

绿色消费的意义

1. 有利于建设生态文明

绿色消费反对传统的粗放型生产方式和破坏生态环境的消费方式。绿色消费要求企业在生产过程中尽可能减少资源和能源的使用，要求消费者在消费过程中遵循适量的原则，反对过度包装和浪费，反对使用一次性产品等。

2. 有利于企业的健康发展

绿色消费模式的构建促进了消费者消费观念的转变——开始选择环保、健康的绿色产品，进而引导企业注重绿色产品的研发，带来了生产方式的变革，加快了绿色产品的创新。同时，企业开始注重自身的社会价值，企业在追求利润的同时也关注其在社会可持续发展和生态环境保护中的责任。

3. 有利于国民素质的提高

绿色消费注重节约资源与环境保护，主张公平消费，是一种文明的消费方式。另外，绿色消费提倡人与自然的和谐统一。这有助于培养消费者良好的消费习惯。

生活中的绿色消费

人们在生活中如何进行绿色消费呢？

1. 购买散装的物品时考虑量的多少问题

购买散装商品时，在保证安全的前提下尽量多买一些，这样可以缩减因消耗过多的包装而造成的浪费。

2. 多购买可循环使用的物品，少购买一次性物品

塑料购物袋、一次性杯子、一次性碟子、一次性筷子、一次性雨衣等这些物品，从出厂到在你手上被利用，只经历了短短的一段时间，就被当成垃圾处理。日常生活中，我们应该少购买或不购买一次性物品，尽量购买那些可以长久使用的物品。

3. 使用可充电电池

普通电池里面包含镉和汞，使用后需要以危险垃圾的标准来处理。可充电电池不仅使用时间长，花费更少，而且不会给河流和土壤造成污染。

4. 购买别人用过的或者翻新的物品

使用别人用过的图书可以保护森林，使用翻新的电器能够节省

金钱。当你购买别人用过的或翻新的物品时，可使物品使用价值最大化，并减少污染。

5. 购买节能商品

我们在购买洗衣机、冰箱、电视等电器时，应选择耗能低的电器。使用节能商品可以缩减二氧化碳的释放量，还能节约在能源上的花销。

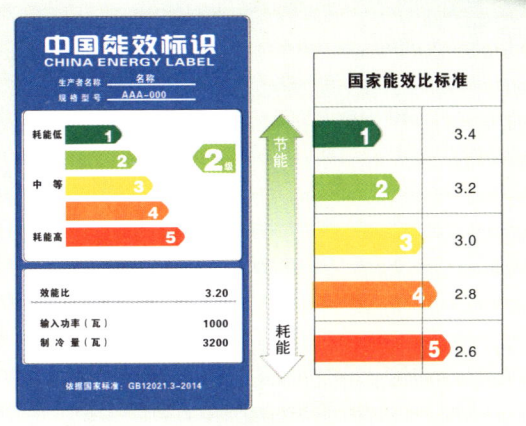

● 能效等级标识

日常生活中我们还应该节约水电，出行多乘坐公交车或地铁，少开私家车等。

绿色消费的保障

为了鼓励人们进行绿色消费，一些发达国家采取一系列立法行动：德国制定并实施了《可再生能源优先法》《废弃物处理法》；日本制定并实施了《绿色消费法》。这为低碳消费、绿色消费提供了法律方面的保障。在经济政策和财政政策上，一些发达国家对绿色、低碳产品生产企业在税收方面给予一定的补贴和优惠。政府采购也偏向于绿色、低碳产品，同时对绿色产品生产企业采取了一系列的环境管理措施，对生产销售过程中出现的违法行为进行严厉的打击，而且在绿色产品的标识上也加强了管理，确保创建舒适的绿色消费环境。

中国作为一个发展中国家，在历届气候大会上，都带头许下并切实履行了绿色发展的承诺。我国消费者协会从2001年起就倡导绿色消费，并将这一年定为"绿色消费主题年"。2016年2月17日，国家发改委等十部门联合印发了我国首次出台的绿色消费专项文件《关于促进绿色消费的指导意见》。

2 节约资源

面对浪费资源对生态环境造成的各种危害，人们逐渐意识到节约资源的重要性。

了解自然资源

依据是否能够再生，自然资源分成可再生资源和不可再生资源。可再生资源包括森林资源、气候资源、水资源等；不可再生资源包括矿产资源、土壤资源等。

自然资源的特征

1. 数量有限。自然资源的数量和人类社会不断增长的需求相矛盾。

2. 分布不平衡。自然资源在数量或质量上存在显著的地域差异，某些可再生资源的分布具有明显的地域分异规律；不可再生的矿产资源分布具有地质规律。

3. 资源之间有联系。各个地区的自然资源要素之间具有一定的联系，各种自然资源在生物圈中都是相互依存、互相制约的，构成一个自然综合体。

4. 资源具有发展性。某种物质和能量能否成为自然资源是不一定的，因为在不同的条件下会产生不同的结果。自然资源的形成是一个发展的过程。人类对自然资源的利用途径和利用范围也是在不断发展的。随着科技水平的提高和经济的发展，人们对自然资源的利用率也在不断地提高。

节约资源的行动

自然资源是人类生存的保障，但是目前自然资源却面临着一系列问题。我们只有一个地球，节约资源已迫在眉睫。我国采取了一系列节约资源的措施。

1. 发展节约型国民经济

首先，发展资源节约型经济。从之前以伤害环境为代价、只寻求经济发展的方式，向建立资源节约型产业体系迈进，在生产、流通、分配和消费的各个环节进行合理的节约。其次，发展循环经济。从物质单向流动的传统模式向物质闭合流动的模式转变，在物质循环过程中让经济系统进入自然生态系统，达到节约资源的目的。

2. 发展资源节约型科技体系

首先，建立资源节约型社会的科学指标。节约型社会的终极目标是提高资源的利用率。建立完善的资源节约型社会评价标准，可以更好地指导资源节约型社会的建设。其次，大力发展高科技资源节约型产业。发展科技有利于节约资源，有助于突破资源节约技术难关，全方位提升节约资源的技术水准。

3. 创建优良的社会氛围

首先，提倡勤俭节约的消

● 节约资源

费方式。中国拥有 14 亿人口,如果每个人都进行不合理的消费,将会给社会资源带来巨大的浪费,同时还会破坏生态系统,最终祸及自身,因此正确合理的消费就是在节约资源。其次,增强全社会的资源节约意识。建设资源节约型社会是我们每一个公民的义务和责任。

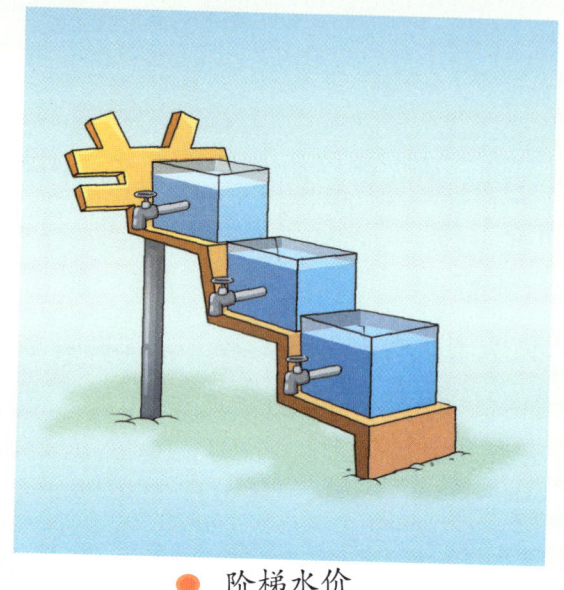

截至 2018 年,中国的淡水资源总量为 27 462.5 亿立方米,人均水资源量只有 1 971.8 立方米。为了鼓励人们节约用水,中国部分城市对家庭用水实施阶梯水价。阶梯水价的基本特点是用水越多,水价越贵。

● 阶梯水价

节约资源的保障

我国做出了建设节约型社会的决策,即通过对资源的合理配置、高效和循环利用、有效保护和替代,让经济社会发展与资源环境承载能力相适应,构建人与自然和谐共处的社会。

我国还颁布了多条法律法规,其中包括:《中华人民共和国节约能源法》《中华人民共和国电力法》《中华人民共和国水法》《城市节约用水管理规定》《中华人民共和国水资源保护法》《中华人民共和国海洋环境保护法》《中华人民共和国矿产资源法》《中华人民共和国森林法》等。

3 注重环境保护

在生态建设过程中，保护自然环境显得尤为重要。

认识自然环境

自然环境是指环绕生物周围的各种自然因素的总和，如太阳辐射、土壤、水、大气、其他物种、岩石矿物等，是生物赖以生存的物质基础。

自然环境按人类对它们的影响程度可分为原生环境和次生环境。

原生环境（第一类环境）指没有受到人类影响或受人类影响较小的自然环境。原生环境中物质的交换、迁移和转化，能量、信息的传递和物种的演化是按照自然界原有的过程进行的。人迹罕至的高山荒漠、冻原地区、原始森林及大洋中心区等都是原生环境。

次生环境（第二类环境）指自然环境中受人类活动影响较多的地域，是原生环境演变成的一种人工生态环境。次生环境中物质的交换、迁移和转化，能量、信息的传递等都发生了重大变化，如牧场、种植园、城市、耕地、工业区等。

● 原生环境　　　　　● 次生环境

绿色家园 8

保护自然环境

环境保护的目的是解决现在或将来可能会发生的一些环境问题。

环境保护通过采取经济、行政、法律、科学技术等各个方面的措施,来解决两大问题:一是保护人们的身心健康,保护环境,防止生物因环境变化而发生退化或变异;二是使自然资源合理地被人们利用,削减有害物质进入自然环境,帮助自然资源恢复,并扩大再生产,为人类生命活动创造有利条件。

保护自然环境的做法

调查发现,被污染的空气中含有一种对人体的神经系统、消化系统和造血系统有损伤作用的成分——铅,而大气中的铅污染主要来源是机动车燃油中添加的抗爆剂——四乙基铅。为了改善环境质量,保护人类身心健康,香港早在1991年4月1日便开始正式要求使用无铅汽油;北京也于1997年6月1日起在城市近郊区的各个加油站停止售卖含铅汽油,开始售卖无铅汽油;从2000年起,全国都

- 保护自然环境

开始使用无铅汽油。无铅汽油的推广使用大大降低了空气污染程度，提高了人民的健康水平。

我国在治理水污染方面采取积极措施。国务院于2015年4月正式发布并开始实施《水污染防治行动计划》。在国家和企业的共同努力下，截至2016年，我国水污染治理已初见成效：一些耗水大户被逐步淘汰，工业领域的用水效率也逐渐提升。在节水和水处理技术领域，中国与世界先进水平的差距正慢慢缩小，现今已发展成为世界最大的水工业市场。中国仅用10到15年时间就建成了约5 000个城镇污水处理厂。

● 保护水资源

环境保护的保障

为了保护环境，全世界的人们都在行动。你听说过世界地球日吗？每年的4月22日就是世界地球日，这是一个专为保护地球环境而设立的节日，目的是让人们意识到爱护地球环境、保护家园的重要性。现今世界地球日的庆祝活动已发展至全球192个国家，每年有超过10亿人参与其中，成为世界上最大的民间环保节日。

坚持节约资源和保护环境是我国的基本国策。从20世纪90年代起，我国每年都会举办世界地球日活动。我国还颁布了一系列法律法规，其中有《中华人民共和国水污染防治法》《中华人民共和国大气污染防治法》《中华人民共和国环境保护法》《中华人民共和国土地管理法》《中华人民共和国环境噪声污染防治法》等。

4 产业结构调整

为应对全球气候和生态问题，我们要摒弃高耗能、高污染的粗放型生产模式，加快产业结构优化升级，实现低碳环保，建设绿色生态，振兴绿色产业。

产业结构调整的含义

产业是随着社会分工和生产力发展而来的，一般划分为三大产业。第一产业包括农业、林业、牧业、渔业等；第二产业指工业和建筑业，如加工制造业、采矿业、电力业、燃气业等；第三产业也叫服务业，是指除第一产业、第二产业以外的其他行业，如交通运输业、居民服务业、修理服务业等。像大家喜欢的体育和娱乐以及为学习服务的教育行业都属于第三产业。

产业结构，简单说，是指三大产业在国家经济结构中所占的比重。产业结构调整，是调整第一、第二、第三产业各自的比重关系，使经济技术联系和相互作用趋向协调平衡的过程。例如，把不合理的、较低级的产业结构变得合理或升级改造为高一级的产业，属于产业结构调整；根据当前的形势，国家把增加国内需求作为重要课题来弥补基建和出口的不足，也属于产业结构调整。

产业结构调整的意义

调整和建立合理的产业结构，能够促进经济和社会的发展，改善人民物质文化生活。当前形势下，产业结构调整具有以下意义：

多举措促生态建设

1. 调整当地资源利用趋于科学合理化。

2. 促进产业部门布局合理，发展协调。

3. 优先发展第三产业，为劳动者提供更多的就业机会。

4. 加快高技术产业和现代服务业的发展，提供社会需要的产品和服务，转变贸易增长方式，提高国际竞争力。

5. 加快经济增长方式转变，实现企业由粗放型向集约型转变，以获得最佳经济效益。

6. 调整产业结构，是改善生态环境的一个重要举措，可降低能耗物耗，减少环境污染。

生产中的产业结构调整

1. 变单一为多点开花

某村，粮食生产一直是村里的主业。这样的单一产业，带来了一定的风险，如某年的粮食歉收了或卖价低了，会影响村民的经济收入；在一年大部分时间里，农民处于农闲状态，无所事事，也会引发不良社会问题，影响社会和谐稳定。

后来，新上任了一位村主任，在他的带领下，村里科学规划，改变了现状。村民组成粮食生产互助组，把连片的大田地规划成机械化耕种大田地，负责粮食生产。蔬菜种植互助组在不适宜机械化

● 机械化耕种

耕种的小地块良田里种菜。水果种植互助组在适合栽种果树的山坡地上种植果树。村里还成立了鸡鸭饲养场和养猪场。后来，村里与邻村联合，搞起了砖瓦厂，组建了建筑工程队。再后来，村里又组织人手抓住靠近国道的优势，在村头开发了一个休闲娱乐商场，开设理发、洗浴、洗车、农业信息服务中心等商业设施。

经过调整，村里的产业结构由单一种粮调整为三个产业并存，生产方式由单一变为多种经营，遍地开花。村民收入大幅增加，心里当然是乐开了花；有了事情可做，游手好闲的人少了，民风也变好了。

2. 看准市场，高研发投入，发展优势

在能源危机和环境保护双重形势下，电动汽车取代燃油汽车的趋势不可逆转，这是中国产业结构调整的必然，也是中国由汽车大国走向汽车强国的必由之路。

比亚迪是中国营收最高的自主品牌。近年来，比亚迪新能源汽车已销售到六大洲五十多个国家和地区三百多个城市，在全球范围内被称为"永不停歇的电动车"。在财富中文网发布的

● 比亚迪新能源汽车

"2019 中国 500 强"名单中，比亚迪以 1 300 亿元营收位居自主品牌榜首。

《人民日报》报道：2018 年，比亚迪研发投入高达 85.36 亿元，

同比上升 36.22%，占全年营收 6.56%。高研发投入，让比亚迪在新能源汽车市场中稳坐泰山。2019 年上半年比亚迪销量达到了 14.5 万辆，同比增长 94.5%，远远超过整个行业的平均水平，市场占有率提升至 24%。

高研发投入，以领先技术为驱动，助力"电动未来"战略推进，让比亚迪牢牢掌握市场先机，成为中国自主品牌发展的绝对主力。比亚迪是目前国内唯一一家完全掌握核心"三电"（动力电池、电机及电控）、整车制造以及充电技术的新能源汽车企业，为国内乃至全球的城市输出绿色科技，提供新能源交通可行方案。

产业结构调整的保障

国家提出了重要的综合性产业结构调整政策，明确了各个时期优化调整产业结构的目标和导向。

1. 2005 年 12 月 2 日，我国发布了《促进产业结构调整暂行规定》（以下简称《规定》）。对加强和改善宏观调控，进一步转变经济增长方式，推进产业结构调整和优化升级，保持国民经济平稳较快发展具有重要意义。

2. 与《规定》文件配套，国家发改委 2005 年颁布了首部《产业结构调整指导目录》（以下简称《目录》）。《目录》的最新版是 2019 年版。《目录》由鼓励类、限制类和淘汰类三类组成。不属于鼓励类、限制类和淘汰类，且符合国家有关法律法规和政策规定的，为允许类。允许类不列入《目录》。

《目录》在加强和改善宏观调控，引导社会投资方向，优化资源配置，促进产业结构调整和优化升级方面发挥了重要作用。

5 节能减排

随着政治、经济、文化的飞速发展，全球气候变暖导致自然灾害频繁发生，环境污染危及人类健康的现象日趋严重，我们加速实施节能减排的任务变得日益严峻和迫切。

节能减排的含义

节能减排是指节约能源和减少环境有害物排放。通过加强用能管理，采取确实可行的措施，从能源生产到消费的各个环节，降低消耗，减少损失和污染物排放，制止浪费，有效、合理地利用能源。节能减排是我国能源发展战略，包括节能和减排两大技术领域。

● 漫画：节能减排

节能减排的意义

实施节能减排战略，优化和完善能源结构，对提高能源利用效率、改善环境质量具有重要意义。

1. 应对煤、石油等能源的有限性，降低能源消费比重。优化能源结构，促进传统产业转型升级。推动工业、建筑、交通、商贸、农村、公共机构和重点用能单位节能，降低企业的成本。

2. 改善人民的生存环境，遏制环境恶化趋势，深化主要污染物减排。控制重点流域和工业、农业、生活等污染物排放，提高城市废弃物处理综合利用，加速园区循环化改造。

生产中的节能减排

1. 技改助减废，老马变良驹

重庆西南铝压延厂的 2 800 毫米冷轧机和锻造厂 12 500 吨水压机，一直是保障工厂生产的重点设备。由于这是 20 世纪六七十年代的装备，能耗、环保、产品质量等诸多方面已得不到根本保障。

根据实际情况，工厂先后投入资金 3 000 多万元，分批对两台"国宝级"设备进行了成功改造。设备已符合现实意义上的工艺要求，减排得到有力保障，产品质量得到提升，危废品率得到控制和降低。

2. 汰旧换新，绿色用电

山西煤炭忻州公司在生产过程中需要连续照明，因而存在照明光源耗电等问题。经过科学调研，公司采用新技术，将矿用防爆灯、节能灯等新产品，投入巷道、硐室、车场及采掘工作面使用，实现矿区照明节能。

公司又将内部广场及进场公路等需要路灯的地段，改成太阳能电池作为路灯照明电源；在走廊、院内、卫生间、洗澡堂等地段安装智能 LED 节能灯照明，实现人来灯亮，人走灯灭，减少长明灯，进一步降低电能消耗。

3. 改进工艺，降低能耗

山东泰安某生产单位采用了煤粉蒸汽锅炉和加装省煤器等措施来实现锅炉改造。煤粉蒸汽锅炉具有煤粉燃烧强度大和燃烧效率高、热损失较低、尾气处理效果好等优点，可以节省大量燃煤。省煤器是安装于锅炉尾部烟道下部用于回收排烟余热的一种装置，它可以利用烟道热量提前预热进入锅炉内的冷水，降低排烟温度，减少排烟损失，从而进一步利用燃煤。

4. 政策引导，变废为宝

农业生产中会产生大量农作物秸秆，秸秆资源是可再生资源的原始基材。

地方政府出台相应农作物秸秆产业发展的财政政策，引导农民综合利用植物秸秆现有资源。以乡镇为片区，政府在网点安置三到五台生物颗粒机，定期回收生产的生物颗粒，再销售给生物质发电厂、饲料加工厂或有消费需求的其他用户。

● 农民正在使用生物颗粒机

农作物秸秆的综合利用，有效解决了植物秸秆的环境污染问题，杜绝了乱烧乱放、污染空气的行为，治理了农村生活环境，增加了农民经济收入，提升了农民满意度。

节能减排的保障

把节能减排作为战略和目标,国家制定了一系列政策措施,各地区、各部门相继做出了工作部署,这对促进节能减排工作的顺利开展发挥了保驾护航的作用。

1.《中华人民共和国国民经济和社会发展第十三个五年规划纲要》对节能减排提出了约束性指标。例如,单位GDP能源消耗降低15%,单位GDP二氧化碳排放降低18%,非化石能源占一次能源消费比重2020年达到15%,等等。该文件阐明节能减排国家战略意图,明确经济社会发展宏伟目标、主要任务和重大举措,是市场主体的行为导向。

2. 国务院印发《"十三五"节能减排综合工作方案》,提出了完善节能减排支持政策的具体要求。例如,要求鼓励银行业、金融机构对节能减排重点工程给予多元化融资支持,积极推动金融机构发行绿色金融债券,鼓励企业发行绿色债券,等等。这些要求,似一套"组合拳",推动多元化融资方式积极落地。

3. 节能减排,建设资源节约型企业,中央企业应该走在企业前列。国务院国资委印发了《中央企业节能减排监督管理暂行办法》,指导监督中央企业在节能减排中发挥积极的带头作用。

4. 节能减排,国家财政会给予一定的资金支持。财政部印发了《节能减排补助资金管理暂行办法》,对通过中央财政预算安排的节能减排专项资金管理提出指导意见,保障资金专款专用。

6 循环利用

经济发展必须向"低能耗、低污染、高增长、高效率"的模式转变。在转变中，资源的循环利用扮演着重要角色。

循环利用的含义

资源的循环利用，是指将废弃物中有用的物品回收，变为再利用、再生利用的材料。"再利用"有两种含义：一种是废弃物中有用的物品作为产品直接使用，例如二手汽车；另一种是废弃物中有用物品的全部或其中一部分充当零件，作为其他产品的一部分进行使用，例如维修汽车时，更换了一个从废旧车上拆卸的完好螺丝帽。平常说的"废物利用"，就是资源的循环利用。循环利用与重复利用不同，后者仅仅指对某件产品的再次使用。

● 循环利用标志

循环利用的意义

资源的循环利用作为生产方式，能够提高资源利用效率，将浪费和污染降至最低限度。

1. 实现变废为宝，节省资金，降低生产成本。
2. 推动资源高效利用，避免浪费，减少垃圾产生，降低能源消耗。

多举措促生态建设

3. 推进第一、第二、第三产业融合，促进产业间资源的高效循环利用。建立行业间资源的循环利用链接，可显著提高资源循环利用效率，有效地实现节能降耗。

4. 推动企业研究制定生态设计指引，即在产品设计开发阶段，要考虑产品使用原材料对资源环境造成的影响，便于科学施策。

生产中的循环利用

桑叶　桑叶养蚕　蚕　蚕沙　蚕沙喂鱼　桑树　塘泥肥桑　池塘养鱼

● "桑基鱼塘"资源循环模式图解

1. 浙江湖州南浔，是长江、太湖和钱塘江一带的洪泛平原，自古就有丝绸之府、鱼米之乡的美誉。南浔有丰富的淡水资源，盛产水稻。这里出产的水稻，养活着全国一亿多人口。有水就有鱼，上百万个鱼塘星罗棋布。养料丰富的淡水养殖使得鱼肥肉美，卖出了更高的价钱。相邻鱼塘之间的塘埂也是不能浪费的。于是，精明的南浔人又在塘埂上种上了桑树。桑树可以养蚕，蚕茧抽丝成最好的蚕丝，蚕蛹及它的粪便——蚕沙又成了鱼塘里鱼儿的优质饲料。以鱼、桑、蚕为生态系统的"桑基鱼塘"模式是"种养结合、循环利用"的典例。

2. 据中国纸网报道，我国现有在校中小学生近2亿人，以每名学生一年用15册课本计算，一年就要用课本30亿册。按每人每年课本平均重2.5千克计算，我国每年中小学生使用的课本需消费纸张超过50万吨。若每本课本能连续使用5年，可节约200万吨文化纸。节约1吨文化纸，至少可节约100吨净水、600度电、3立方米木材、1.2吨煤、300千克化工原料。若以中小学人均课本费180元算，扣除平均成本，全国每年至少可节约书费288亿元；如连续使用5年，可节约1 440亿元。

2017年起，义务教育免费教科书覆盖全国，部分教科书已经实现循环使用，如音乐、美术、科学、道德与法治等学科。

3. 伟翔环保科技发展（上海）有限公司，是设立于上海的电子废弃物处理工厂，是国家首批"全国循环经济教育示范基地"之一。

该公司加强电子废弃物回收网络建设，与戴尔、苏宁等大型电子产品生产商、销售商之间建立长期合作关系，保障电子废弃物来源。生产中，公司加强技术创新，采用先进的再生处理技术及设备，提高电子废弃物再生利用率：从电子废弃物拆解的线路板中提取金、银、

铜、铅、锡等金属；对拆解的废塑料进行改性，生产塑料托盘等产品；对锂电池进行破碎、电（磁）选，提取贵金属。目前，固体废弃物、废气的无害化处理以及工业废水等已实现"零排放"。

循环利用的保障

资源的循环利用是推动我国绿色发展的重要途径。国家出台了一系列文件及举措，为推动绿色循环、低碳发展提供了政策依据和指导。

1. 国家发改委等14个部委联合印发的《关于印发〈循环发展引领行动〉的通知》要求加强城市低值废弃物资源化利用，包括餐厨废弃物、建筑垃圾、园林废弃物和城镇污泥等无害化处置与资源化利用。

2. 国家发改委、财政部、住建部联合发布的《关于推进资源循环利用基地建设的指导意见》提出：到2020年，在全国范围内布局建设50个左右包括废钢铁、餐厨废弃物、废塑料、废纸、快递包装物、生活垃圾等多种城市资源循环利用基地，探索形成一批与城市绿色发展相适应的废弃物处理模式，切实为资源的循环利用提供保障。

3. 国家发改委、住建部联合发布的《关于推进资源循环利用基地建设的通知》提出：经两部委备案的基地，可享受相应的政策支持和资金补助。

4. 国家开设了资源循环利用的大学专业学科——资源循环科学与工程，该专业涉及环境科学、经济、管理等诸多学科。该专业毕业生可在与资源循环、资源综合利用相关的建材、冶金、新材料产业等部门、单位工作。

7 绿色科技

大力调整经济结构和能源结构，发展绿色经济，进一步开展环境保护和生态建设。绿色科技是重要的技术保证。

绿色科技的含义

绿色科技（生态科技）是指对减少环境污染，减少原材料、自然资源和能源使用的技术、工艺或产品的总称。它包括硬件和软件两方面：硬件如控制污染的环保设备及生产技术等，软件如具体的操作方式和运营方法，以及旨在加强环境保护的工作和活动等。

绿色科技涉及能源节约、环境保护以及其他绿色能源等领域，包括绿色产品、绿色生产工艺设计与开发，绿色新材料、新能源开发，消费方式改进，绿色政策、法律法规、环境保护理论、技术管理的研究等。我们这里重点介绍绿色产品、绿色新材料、绿色新能源。

绿色产品，指在生产和使用以及用过之后处理的整个过程中，对环境的破坏和影响比较小的产品，如绿色家电、绿色汽车等。

绿色新材料，指新出现的具有传统材料所不具备的优异性能和特殊功能的材料，或采用新技术使传统材料性能有明显提升或产生新功能的材料，如铝合金材料、锂离子电池材料、高温超导材料等。

绿色新能源，指煤炭、石油、天然气等常规能源之外的各种能源形式，是在新技术基础上加以开发利用的可再生能源。新能源主要分为太阳能、风能、生物质能、氢能、地热能、海洋能、核能等。

绿色科技的意义

包含绿色产品、绿色新材料、绿色新能源等在内的科技创新产业将成为拉动绿色经济发展的最大引擎，能爆发出高效、节约、环保的绿色科技力量。

1. 促进绿色科技应用及推广。政府法规、市场力量和社会公众压力，促使企业积极选择绿色科技战略。企业需要将已成熟或接近成熟的新科技信息向社会展示，以获得同行及社会的认可。

2. 获得绿色科技赋予的经济价值。企业推进绿色科技创新，生产绿色产品，从中获得经济价值。

3. 实现清洁生产过程。在绿色产品的开发、设计、生产、消费、回收等各个环节都要形成"绿色"，保证未来不发生污染问题。

生产中的绿色科技

绿色产品

打造绿色产品有三条路：自我开发、联合开发与引进开发。近年来，我国努力建设稳定的人才梯队，提升自主创新研发科技能力，逐步由"中国制造"转变为"中国创造"，产品体现了中国特色。

1. 水立方——绿色科技游泳中心

水立方是我国国家游泳中心，建设规模约8万平方米，是北京2008年奥运会主要比赛场馆之一。

建设水立方采用的绿色科技包括热泵的选用、太阳能的利用、水资源的综合利用、先进的采暖空调系统，以及控制系统和其他节能环保技术，如采用内外墙保温减少能量的损失，采用高效节能光

绿色家园 8

● 水立方

源与照明控制技术等。此外，合理组织自然通风，合理开发循环水系统，广泛应用高科技建筑材料，共同为水立方增添了更多的时代科技气息。

2. 智能电表——绿色用电

智能电表运用现代通信技术、计算机技术、测量技术，能够实现双向互动式采集、分析、管理用电信息数据。与常规的电表相比，智能电表可靠性高，精度长时间不变，无须轮校，不受安装及运输的影响，可实现集中抄表、多费率、预付费、防窃电等功能。

智能电表可以为用户提供很多用电服务，实现智能管理。如提醒用户购电，为用户提供电量查询，帮助用户科学合理用电。

● 智能电表

目前，我国新一代智能电表已应用了"物联网"科技，如直接通过手机实现远程读数，远程计费，远程收费，远程操控，拉闸合闸。

绿色新材料

在"十三五"期间,我国绿色科技以碳纤维复合材料、航空铝材、电池材料、生物材料等八类新材料品种,组织开展重点新材料应用示范;在石墨烯、纳米材料等五个领域实施前沿新材料先导工程。

1. 碳纤维复合材料——助力长征五号B运载火箭"瘦身"

2020年5月5日下午6时,我国长征五号B运载火箭成功把载荷组合体送入预定轨道。这是长征五号B运载火箭的首次飞行任务,运送的载荷质量达到22吨,是中国乃至亚洲火箭首次发射超过20吨的航天器。

长征五号B运载火箭上采用了许多减重科技。其中,使用的轻质碳纤维复合材料及其技术,助力长征五号B运载火箭成功减重400千克。

● 长征五号B运载火箭发射 　　● 碳纤维复合材料

碳纤维复合材料强度高,是钢铁的5倍;可以耐受超过2 000 ℃的高温;密度小,只有钢铁的1/5;在抗热冲击性、抗腐蚀与辐射性能方面,也都十分出色。可用于制造火箭外壳、飞机结构、工业机器人、机动船、汽车板簧和驱动轴等。

2. 生物降解材料——未来越来越好

生物降解材料是指在细菌、真菌等自然界微生物作用下可被消化分解的材料。理想的生物降解材料在微生物作用下，能完全分解为二氧化碳和水。这里主要介绍以下两类：

1. 聚乳酸（PLA）：用植物资源（如玉米）中的淀粉原料制成。将它掩埋在土壤里降解，产生的二氧化碳直接进入土壤或被植物吸收，不会排入空气中。它无毒、无刺激、强度高、可加工性好，一些心脏支架、人造皮肤就是用这种材料制成的。

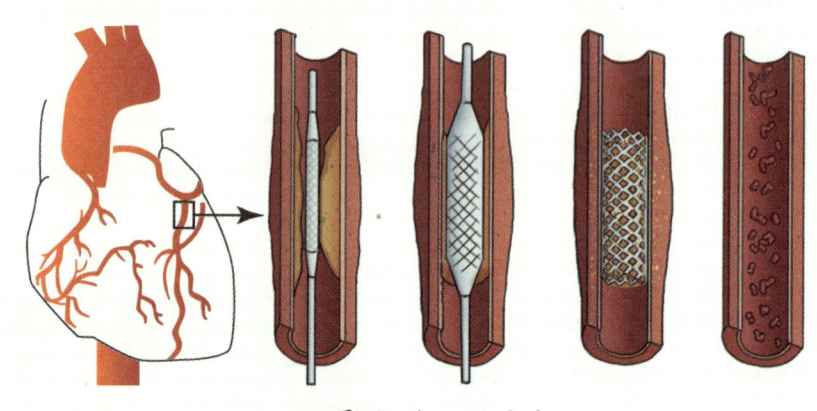

● 聚乳酸心脏支架

2. 聚己内酯（PCL）：自然环境下 6~12 个月即可完全降解。可用作细胞生长支持材料，如手术缝合线。

绿色新能源

绿色新能源能有效补充能源供应。

1. 太阳能光伏——清洁能源的主力

光伏板，是一种以硅半导体物料制成的薄身固体光伏电池组件，暴露在阳光下会产生直流电，我们平时称其为太阳能电池。现在，光伏板随处可见，如 LED 路灯上装有光伏板为其供电，较复杂的光

沼气是一种可再生清洁能源。在农村，沼气可以作为燃气，烧水做饭、照明等。在工业生产上，沼气可作为化工原料制造氢气和炭黑，也可以进一步制成汽油、酒精、人造纤维和人造皮革等化工产品，还可以用来发电。沼气发酵后排出的料液和沉渣，可用作肥料和饲料。

绿色科技的保障

在绿色科技创新过程中，政府要为企业提供政策导向、法规制度激励、资金支持等，有时还要参与绿色科技创新的管理与实践过程。

2012—2017年，针对绿色新材料，我国就有十余个国家政策文件出台，如《"十三五"国家战略性新兴产业发展规划》《稀土行业发展规划(2016—2020年)》《新材料产业发展指南》《中国制造2025》《关键材料升级换代工程实施方案》等。这些政策文件提出了重要的行业发展要求，明确了新材料产业发展的重点领域。透过这些政策文件可以看出，国家要提升新材料的基础支撑能力，推动生产过程的智能化和绿色化改造，提高先进基础材料国际竞争力，实现我国从材料大国到材料强国的转变。

2019年，国家能源主管部门密集颁布了多项鼓励新能源平价上网的政策措施，如《2019年光伏发电项目建设工作方案》《2019年风电项目建设工作方案》《关于完善光伏发电上网电价机制有关问题的通知》等。这些政策，倒逼以风电、光伏发电为主力的新能源行业重新思考，促进企业努力打绿色科技牌，持续优化营商环境，逐步摆脱对扶持补贴政策的依赖，实现科技创新发展，提高行业竞争力。

伏系统可为房屋照明，为电网供电。光伏板可以制成不同形状，也可以相互连接，以产生更多电力。天台及建筑物表面，甚至窗户、天窗上都可以使用光伏板，称为建筑物光伏系统，成为建筑物的绿色能源。

● 北京世博园光伏伞

2. 生物质能沼气——前景广阔

在沼泽地、污水沟或粪池里，常有气泡冒出来，这些冒出的气体就是自然界产生的沼气。沼气是一种可燃烧气体，主要成分是甲烷。沼气是可以人工制取的，将人畜粪便、动植物遗体等投入密闭的沼气发酵池（沼气池）中，经过以沼气细菌为主的多种微生物作用，即可得到沼气。

● 农村沼气改造结构图

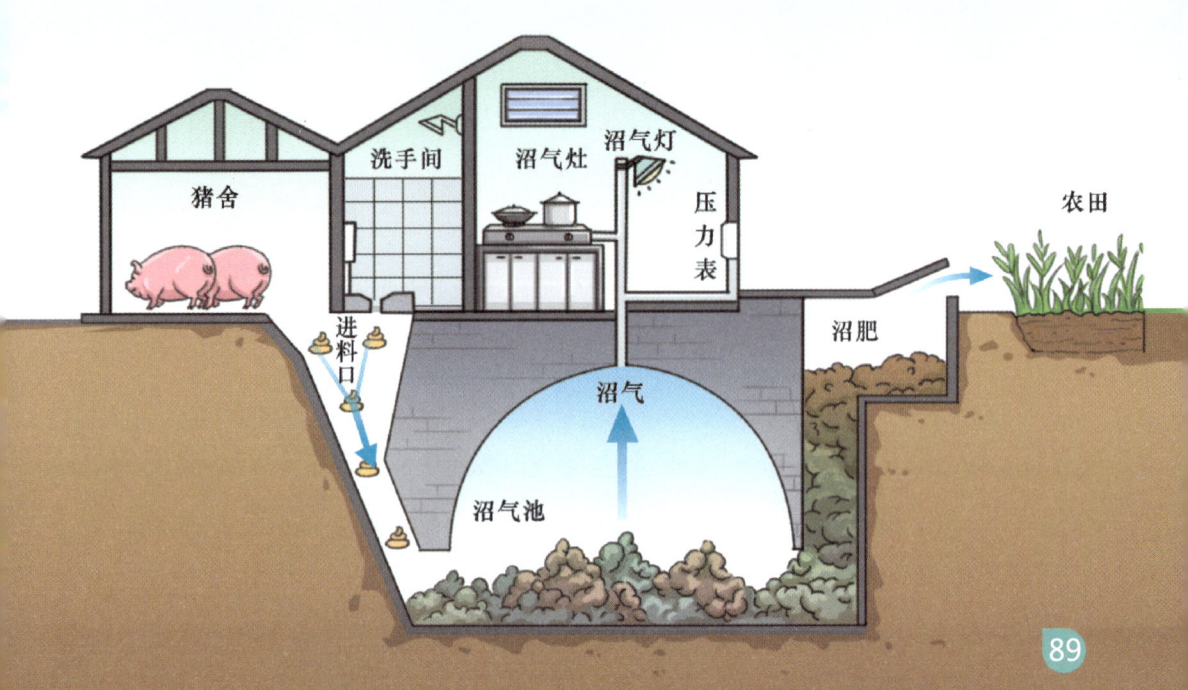